교과서를 만든 수학자들

김화영 지음 / 최남진 그림

저자 김화영

이 책을 지은 김화영 선생님은 현재 서울 방화중학교 수학교사이고,
서울시 강서교육청 영재교육센터를 책임지고 운영한 수학 영재 교육 전문가입니다.
서울특별시교육연구원의 '기초학력 보충 자료 제작'에 참여했으며
수학교사들의 모임인 '수학사랑'에서 활동하며, 『이런 수업 어때요?』라는 책을 출판했습니다.
또한 제7차 중학교 수학 교과서 제작에 참여했고,
디딤돌 출판사와 교학사 등에서 많은 수학 문제집과 참고서를 집필했습니다.

교과서를 만든 사람들 ❷

교과서를 만든 수학자들

초판 1쇄 발행 2005년 11월 10일
초판 23쇄 발행 2024년 4월 1일

지은이 김화영 **일러스트** 최남진
펴낸이 김종길 **펴낸 곳** 글담출판사

기획편집 이경숙·김보라 **영업** 성홍진
디자인 손소정 **마케팅** 김지수 **관리** 이현정

출판등록 1998년 12월 30일 제2013-000314호
주소 (04029) 서울시 마포구 월드컵로8길 41 (서교동 483-9)
전화 (02) 998-7030 **팩스** (02) 998-7924
블로그 blog.naver.com/geuldam4u **이메일** geuldam4u@naver.com

ISBN 978-89-86019-84-1 (03400)

글담출판에서는 참신한 발상, 따뜻한 시선을 가진 원고를 기다리고 있습니다. 원고
는 글담출판 블로그와 이메일을 이용해 보내주세요. 여러분의 소중한 경험과 지식을
나누세요.

꼬꼬가 세운 만든 수학자들

김화영 지음 / 최남진 그림

수학의 기초를 세운 탈레스 피타고라스의 정리를 밝힌 피타고라스 기하학의 토대를 세운 유클리드 도형의 넓이를 잰 아르키메데스 소수 찾기의 지존 에라토스테네스 원추곡선을 만들어낸 아폴로니오스 수학에서 맨처음 기호를 사용한 디오판토스 방정식 해법 찾기에 나선 수학자들 로그를 발명한 네이피어 좌표평면을 생각해낸 데카르트 페르마의 마지막 정리로 수학자들을 골탕먹인 페르마 삼각형 내각의 합을 밝힌 파스칼 미적분을 발견한 뉴턴 미적분 기호를 만든 라이프니츠 오일러 공식을 만든 수학의 마술사 오일러 복소수를 발견한 가우스 절대 부등식으로 현대 수학을 발전시킨 코시 집합연산의 기초 법칙을 발견한 드 모르간 5차 방정식의 비밀을 푼 아벨 집합론을 만든 칸토어

contents

차례

고대 수학자들

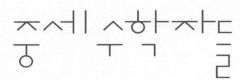

수학을 애인으로 만드세요

수업 시간에 가끔 학생들에게 '수학 샘, 수학은 도대체 누가 만들어서 우리를 이렇게 힘들게 만드나요? 수학이 없는 세상은 없나요?' 라는 질문을 받곤 한다.

그러면 나는 칠판에 어지럽게 하던 계산을 멈추고, 내가 알고 있는 모든 지식을 동원해 수학의 필요성을 아이들에게 가르치는 일로 나머지 시간을 채운다. 왜냐하면 수학의 필요성을 아는 것이 수학을 잘 하는 첫 번째 관문이기 때문이다.

그래서 나는 '시장에 가서 물건 값을 정확하게 계산하기 위해서' 라는 말부터 시작하여, '수학은 우리 인류의 문화와 과학 그리고 경제 활동을 체계적으로 발전시키는 데 가장 기초가 되는 학문이다.' 또는 '수학은 자라나는 어린 아이들의 뇌 활동 발달을 촉진시키는 데 아주 필요하며, 나아가 인간의 합리적인 사고를 훈련하는 데 가장 효과적인 학문이다.' 라는 말 등을 내세워 학생들을 열심히 설득한다. 그리고 마지막으로 가장 현실적인 필요성을 내세운다. '수학 공부를 잘 해야 좋은 대학에 가기 때문이야. 같은 값이면 다홍치마라고 수학을 잘 해 좋은 대학 가고, 머리도 좋아지면 좋잖아?' 라는 말로 마무리를 한다. 이렇게 말하면 아이들은 고개를 끄떡이며 일단 수긍을 한다. 하지만 뭔가 석연치 않는 표정은 여전히 얼굴에 남아 있다.

'수학을 왜 공부하는가?' 라는 학생의 질문은 언제나 내 머리 속에 맴맴 도는 화두이다. 수학을 가르치는 나 자신도 수학은 반드시 공부해야 하는 중요한 학문이라는 기본적인 사실만 알고 있을 뿐, 우리 학생들이 '아, 정말 그렇구나.' 라고 믿음을 가질 구체적인 내용을 잘 알지 못했기 때문이다.

그러던 중 '교과서를 만든 수학자들' 의 집필을 의뢰받았다. 이 책을 쓰면서 나는 '수학은 왜 공부하는가?' 라는 문제에 대한 답을 구체적으로 찾을 수 있었다. 우리나라 중·고등생들이 공부하는 수학책에 나오는 수많은 명제와 법칙 그리고 개념을 처음으로 생각하고 만든 수학자들을 조사하면서 그들이 왜 그런 명제나 개념을 생각하게 되었는지를 연구했다.

3차 방정식의 해법을 둘러싸고 카르다노와 타르탈리아 사이에서 일어났던 분쟁, 그리고 가난과 굶주림 속에서 비록 26년이라는 짧은 생이었지만, 자신의 능력을 화려하게 꽃 피운 천재 수학자 아벨의 삶, 또 페르마의 마지막 정리를 증명하기 위해 근 300년 동안 수학자들이 고민했던 일 등을 글로 풀어내는 동안 나는 수학자로서의 정열과 진리와의 치열한 싸움, 그리고 행복하기도 하고 불행하기도 했던 그들의 삶을 들여다보았다. 그리고 '아, 수학이라는 학문이 이렇게 만들어졌구나.', '수학은 이래서 우리에게 필요한 학문이구나.' 라는 사실을 알게 되었다. 이제는 학생들에게 수학의 필요성을 조목조목 알려 줄 수 있는 자신감이 생긴다.

나는 우리 학생들이 '교과서를 만든 수학자들'을 읽으면서 수학을 미운 친구로만 여기지 말고 애인처럼 여겼으면 좋겠다는 엉뚱한 생각을 한다. 십수 년 넘게 수학이라는 학문을 배우고 이해해야만 이 사회가 필요로 하는 인재로 인정받을 수 있다면, 생각을 바꾸어 적극적으로 수학을 좋아해야 하지 않을까? 라는 생각이 들었기 때문이다.

수학이 애인처럼 느껴지려면 어떻게 해야 할까? 먼저 애인이 누구인지 알아야 할 것이다. 즉 수학이 어떻게 탄생했고, 어떻게 발전했고, 또 어디에 사용되고, 수학이 좋아하는 것은 무엇인지를 알아야 하는 것이다.

예를 들어 피타고라스 정리를 잘 하기 위해 피타고라스 정리를 애인처럼 여기고 싶다면, 피타고라스가 누구인지, 피타고라스 정리가 만들어진 배경이 무엇인지, 이 정리가 어떤 중요한 의미를 가지고 있는지, 또 이 정리가 현재 우리 삶의 어떤 부분에서 응용되고 있는지를 알아야 한다는 뜻이다. 그런 과정을 거치고 나면 피타고라스 정리를 배우는 마음 자세가 달라질 것이다. 피타고라스 정리가 흥미롭고, 중요하며 또 재미있다는 사실을 알게 되고, 피타고라스 정리를 애인처럼 여길 수 있고, 비로소 피타고라스 정리를 확실하게 알 수 있을 것이다. 정녕 '수학을 애인처럼……' 이 말이 허공에 외치는 메아리가 되지 않았으면 하는 소망을 가진다.

김화영 씀

나는 하루가 끝나면 이렇게 되묻는다.
"오늘 공부는 과연 성공적으로 하였는가?"
"더 배울 것은 없었는가?"
"더 잘할 수는 없었는가?"
"혹여 게으름을 피우지는 않았는가?"라고.

– 피타고라스

현직 선생님이 먼저 읽어본 **교과서를 만든 수학자들**

수학 공부가 지루한 학생들도 수학이 재미있어집니다.

이 책은 그동안 수학을 공부하면서 왜 이런 것을 배워야 하는지 의문을 가졌거나 수학 시간이 지루하게만 느껴졌던 학생들에게 많은 도움이 될 겁니다. 수학자들이 어떻게 살아 왔는지, 우리가 배우고 있는 내용들이 어떻게 만들어졌는지 등이 아주 쉽고 재미있게 소개되어 있습니다.

– 서울과학고등학교 문광호 선생님

수학을 좋아하게 만드는 계기!

수학에 관심이 많았던 딸아이가 이 책을 읽고 난 후 수학에 더욱 자신감이 붙었습니다. 이 책을 통해 오랫동안 수학을 배우면서 한 번도 느끼지 못했던 수학자들에 대한 존경심이 생겨 수학을 더 좋아하게 되는 계기가 되었습니다.

– 방원중학교 한지영선생님

수학 수업 5분 전에 읽으면 좋을 책!

학생들에게 수학을 가르치면서도 그 내용을 만든 수학자들에 대해 별다른 관심이 없었는데 이 책을 읽고 여러 가지 도움이 되었습니다. 이 책은 수업을 하기 전에 학생들에게 수학자들의 삶과 역사적인 배경, 재미있는 에피소드 등을 이야기해 줄 수 있는 좋은 수업 자료가 될 겁니다.

– 노곡중학교 정란선생님

교과서를 만든 고대 수학자들을
만나봅니다.

고대 수학자들

수 학 의 기 초 를 세 운 **탈레스**

중학교 1학년 수학 / 작도와 합동
중학교 2학년 수학 / 도형의 닮음
중학교 3학년 수학 / 원의 성질

탈레스 (기원전 624년 ~ 기원전 547년)
탈레스는 고대 그리스 수학의 시조라고 일컬어지는 사람이에요. 그는 작은 막대기 하나로 거대한 피라미드의 높이를 재기도 했지요. 또한 그는 아주 간단한 수학적 사실도 직관적으로 받아들이는 것이 아니라 논리적인 증명 과정을 적용시킴으로 수학의 기초를 닦았어요.

최초의 수학자, 탈레스

소크라테스 이전, 그리스 최초의 철학자로 유명한 탈레스는 최초의 수학자이기도 합니다. 그는 기원전 600년경, 그리스의 작은 도시 **밀레투스**에서 태

밀레투스
에게 해의 이오니아 서쪽 해변에 자리 잡은 작은 항구 도시. 이 곳은 그리스와 페르시아 사이의 무역 중심지로 다양한 문물들이 쏟아져 들어왔고 풍부한 자원으로 부자들이 많았다고 한다.

어났습니다. 지금은 터키의 영토인 밀레투스는 그리스 남쪽 해변에 자리 잡은 항구로 무역이 매우 번창했던 상업 도시였습니다.

당시 그리스 사람들은 세상에서 일어나고 있는 일이나 자연 현상의 원인을 모두 신의 뜻이라고 생각했습니다. 그리스 사람들의 이런 사고방식은 그리스 신화를 읽어본 사람들이라면 누구나 쉽게 이해할 수 있을 겁니다. 신화 속에 등장한 사람들과 마찬가지로 대부분의 그리스 사람들은 인간의 삶과 죽음, 사랑과 이별, 그리고 행운과 불행을 모두 신의 뜻으로 여기며 살았습니다.

하지만 밀레투스 사람들의 생각은 달랐답니다. 그들은 예측할 수 없는 기상의 변화를 극복하며 먼 바닷길을 항해해야 했고, 또한 무역을 통해 많은 이익을 남기기 위해서는 객관적이고 합리적인 사고를 해야 했습니다. 그들은 비가 오고 바람이 부는 일을 단지 신의 뜻으로만 돌리지 않았습니다. 오히려 언제 비가 오고, 바람이 부는 방향이 어떻게 변하는지를 오랜 시간 동안 주기적으로 관측하여, 그 원인을 합리적인 방법으로 알아냈습니다.

밀레투스 사람들의 이런 생활 태도는 탈레스가 모든 일을 객관적인 근거에 의해 냉철하고 합리적인 사고를 할 수 있도록 만들었습니다.

그는 평생 '세상은 무엇으로 만들어졌을까?'라는 의문에 대한 답을 찾기 위해 고민했습니다. 이러한 의문에 대한 답을 신화에 의존하지 않고 합리적이고 과학적으로 풀려고 한 것도 그가 밀레투스 시민이었기에 가능했을 것입니다. 만약에 탈레스가 밀레투스에 태어나지 않았다면, 지금처럼 수학이 발달할 수 없었을 겁니다.

무역을 통해 수학을 배우다

탈레스의 집안은 가난했습니다. 어린 탈레스는 가족의 생계를 위해 돈을 벌어야 했습니다. 그는 상점에서 점원으로 일을 하면서 열심히 장사를 배웠습니다.

그는 성실했고 총명했기 때문에 큰 돈을 벌 수 있었습니다. 여행과 학문을 좋아한 탈레스에게 상인이라는 직업은 큰 행운이었습니다. 그는 무역을 목적으로 여러 나라를 방문할 수 있었고, 그곳에서 많은 지식을 얻을 수 있었습니다.

탈레스가 수학에 관심을 가지고 연구하기 시작한 것도 이집트를 다녀온 후부터였습니다.

무역을 위해 이집트를 방문한 그는 우연히 그 나라 사람들에게 **수학**과 천문학에 관련된 책을 얻게 되었습니다. 이 책이 그의 운명을 바꾸고 고대 수학사를 바꾸어 놓을 줄은 누구도 생각하지 못했습니다.

당시 이집트는 세계에서 수학과 천문학이 가장 발달한 나라였습니다. 이미 지구의 자전과 공전을 이용해 달력을 만들고 이것을 농업에 이용할 정도였습니다. 탈레스는 단번에 수학과 천문학에 빠져 들었고 책 속에 담겨진 놀라운 지식들을 탐독하며 가슴 벅찬 희열을 느꼈습니다.

이집트의 수학

이집트는 나일강 주변에 성장한 고대 국가입니다. 나일강은 풍부한 물과 비옥한 토지를 이집트인에게 제공했지만, 해마다 큰 홍수가 나는 것이 큰 문제였습니다. 이집트 사람들은 언제쯤 홍수가 날지 알기 위해 별을 관찰했습니다. 그래서 1년이 365일이라는 것을 알게 되었고, 천문학이 발달하게 되었습니다. 또한 홍수로 땅의 경계가 허물어지면 다시 자신의 땅을 표시하기 위해 측량술을 발달시켰습니다.

이집트는 나일강 덕분에 비옥한 토지, 풍부한 물을 얻었을 뿐만 아니라 천문학, 측량술, 계산술 등 여러 학문이 발달할 수도 있었습니다.

열정적인 연구로 수학과 철학의 기초를 닦다

수학과 천문학에 대한 그의 열정은 그리스로 돌아와서도 식지 않고 이어졌습니다. 그는 장사에도 큰 관심을 두지 않았고 오로지 학문을 연구하는 일에만 몰두했습니다. 하루는 밤길을 걸으며 정신없이 별자리를 관찰하다가 우물에 빠졌다고 합니다. 이를 지켜 본 하녀가 그에게 '주인님, 제발 발밑이나 잘 보고 다니세요.'라고 말하며 놀렸습니다. 하녀는 인류 최초의 철학자 탈레스가 하늘을 그토록 열심히 보았던 이유를 이해할 수 없었을 것입니다. 그 뒤로 탈레스는 '정신이 나간' 사람으로 불리기도 했습니다.

탈레스가 별을 보다가 우물에 빠진 일화는 오랫동안 전해졌습니다. 이 이야기는 그리스의 위대한 철학자 플라톤이 제자인 아리스토텔레스를 가르칠 때 인용하기도 했다고 합니다. 하지만 탈레스는 끊임없는 연구로 그 동안 잘 몰랐던 천문학에 관련된 많은 지식을 얻을 수 있었고, 그러한 지식들이 실생활에 유용하게 쓰일 수 있다는 것도 알아냈습니다.

그의 연구는 그리스의 수학과 철학을 이집트에 뒤지지 않을 정도로 끌어올렸고, 그리스 수학과 철학의 기초를 다지는 중요한 역할을 한 것입니다. 뿐만 아니라 이집트의 수학을 응용하여 '기하학 도형을 연구하는 수학의 한 분야'이라는 학문을 처음으로 만들기도 했습니다. 때문에 ≪플루타크 영웅전≫을 쓴 작가는 탈레스를 고대 그리스 7현인 기원전 8세기~기원전 6세기경 그리스의 철학자 중 가장 현명했던 일곱 명의 학자를 이르는 말로 솔론, 탈레스, 피타코스, 비아스, 킬론, 페리안드로스, 클레아보울로스를 가리킨다 중에서도 가장 현명한 사람이라고 높이 평가했습니다.

탈레스는 인류에게 처음으로 과학을 해야 하는 이유를 가르쳐 주었고, 또 그 과학의 기초가 수학이라는 학문이 되어야 함을 보여 준 학자였습니다.

탈레스 기념 우표

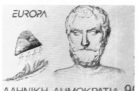

최초로 논리적인 증명을 시도한 수학자

　　탈레스 이전의 그리스 수학은 토지를 측량하거나 토목 공사를 하는 등 실생활과 밀접하게 관련되어 활용되면서 단지 '생활 수학'의 의미를 갖는 데 그쳤습니다. 사람들은 단순히 직관에 의해 어떤 정리들이 옳은지 않은지를 판단했습니다. 그러나 탈레스는 사람들이 직관적으로 알고 있는 사실들이 왜 옳은지에 대해 논리적인 근거를 제시하고 증명을 시도한 최초의 수학자입니다. 그가 증명을 도입하면서 고대 수학은 학문으로서의 가치를 가지게 되었고 도형이 가지는 여러 가지 성질들을 연구하기 시작했습니다.

　　탈레스가 증명한 것으로 알려진 기하학과 관련된 기본적인 정리들은 다음과 같습니다.

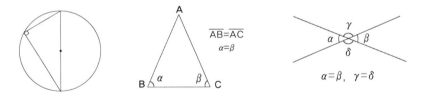

1. 원은 지름에 의해 이등분된다.
2. 이등변삼각형의 두 밑각의 크기는 서로 같다.
3. 두 직선이 만날 때 생기는 두 맞꼭지각의 크기는 서로 같다.
4. 대응하는 두 각의 크기가 서로 같고 대응하는 두 변의 길이가 서로 같은 두 삼각형은 합동이다.
5. 반원에 내접하는 각은 직각이다.

　　물론 위의 사실들을 탈레스가 처음 발견한 것은 아닙니다. 이집트 등 여러 지역을 여행하면서 얻은 지식들을 정리한 것입니다.그러나 이러한 사실을 논리적인 방법으로 증명한 사람은 탈레스가 처음이었습니다. 이러한 그의 객관적이고 논리적인 증명 과정은 그리스 수학의 기초를 형성하는 데 결정적인 역할을 했습니다.

기하학의 기초를 닦은 탈레스

탈레스가 이룬 수학적 업적 중 가장 중요한 것은 어떤 명제 _{논리적인 판단을 언어로} _{나타낸 것}라도 단순한 추측이나 직관으로 받아들이는 것이 아니라 정확한 증명을 요 구했다는 것입니다. 현재는 그가 증명한 것이 기록에 남아 있지 않지만 다음과 같은 사실들을 증명했다고 전해지고 있습니다.

"이등변삼각형의 두 밑각의 크기는 같다."

"두 직선이 교차할 때 그 맞꼭지각의 크기는 같다."

"두 변의 길이가 같고 그 끼인각의 크기가 같은 두 삼각형은 합동이다."

"반원 원주각의 크기는 90도이다."

"원주각의 크기는 중심각 크기의 반이다."

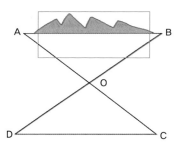

위의 정리들은 중학교 1학년과 3학년 2 학기 과정에 나와 있어 너무나 잘 알려진 도형 의 기본 성질입니다. 예를 들어 오른쪽의 그림 과 같이 산으로 가로막힌 두 지점 A, B 사이의 거리를 어떻게 구해야 할지 생각해봅시다.

직접 측정할 수 없는 두 지점 사이의 거리를 구하기 위해서는 탈레스가 알아낸 정리 "두 변의 길이와 사이에 끼인 각이 같은 삼각형은 서로 합동"이라 는 사실은 매우 유용하게 쓰입니다.

A, B가 보일 수 있는 위치 O를 정한 다음 $\overline{AO}$를 연장한 선 위에 $\overline{AO}=\overline{CO}$ 가 되는 점 C를 택하고 같은 방법으로 $\overline{BO}=\overline{DO}$가 되는 점 D를 택하면 △ABO와

△CDO는 합동이 됩니다. 따라서 $\overline{AB}=\overline{CD}$이므로 $\overline{AB}$의 길이 대신 $\overline{CD}$의 길이를 측정하면 됩니다.

중학교 1학년 수학 / 작도와 합동

이 단원에서는 삼각형의 합동 조건을 이용하여 이등변 삼각형의 두 밑각의 크기가 같음을 증명한 내용이 나온다.
(정리) 이등변 삼각형의 두 밑각의 크기는 같다.
(증명) 이등변 삼각형 ABC에서 꼭지각 A의 이등분선과 $\overline{BC}$와의 교점을 D라고 하면,
$\overline{AB}=\overline{AC}$, ∠BAD=∠CAD,
$\overline{AD}$는 공통이므로 △ABD≡△ACD
따라서 ∠B=∠C

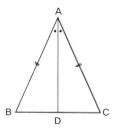

중학교 3학년 수학 / 원의 성질

한 호에 대한 원주각의 크기는 중심각의 크기의 $\frac{1}{2}$이다. 따라서 원 O에서 호AB가 반원일 때, 중심각 ∠AOB의 크기가 180°이므로 반원에 대한 원주각의 크기는 90°임을 알 수 있다.

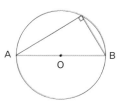

피라미드의 높이를 잰 탈레스

이집트에는 규모가 엄청난 피라미드 가 많이 있습니다. 이 피라미드를 완성하는 데 수많은 사람들이 동원되었고 수십 년이 걸렸습니다.

아버지를 따라 이집트를 방문한 탈 레스는 피라미드의 높이를 짧은 막대기 하 나로 계산함으로써 이집트 왕을 놀라게 했습니다. 그는 막대기를 땅 위에 똑바 로 세우고, 피라미드 그림자의 끝과 막대기 그림자 끝이 일치하도록 맞추었습 니다.

이 때 '피라미드의 높이'와 '막대의 길이'의 비는 '피라미드의 그림자' 와 '막대의 그림자'의 길이의 비와 같고 막대의 길이와 그림자의 길이는 잴 수 있으므로 이 비례 관계를 이용하여 피라미드의 높이를 구할 수 있었습니다.

하루 중 어느 때에 피라미드의 그림자 끝을 관찰하였더니 T 지점까지 뻗 었다고 생각해봅시다. 그 때, 옆에 세워둔 막대기에도 그림자가 생기게 되고 그 그림자의 끝을 R이라고 하면 피라미드에서 만들어진 삼각형 SHT와 막대기에 서 만들어진 삼각형 PQR은 닮은 도형이 됩니다.

따라서 $\overline{SH}:\overline{HT}=\overline{PQ}:\overline{QR}$이 됩니다. 그런데 이 식 속에 있는 선분 HT, PQ, QR은 모두 측정할 수 있는 길이이므로 이 식에서부터 $\overline{SH}$의 길이, 즉 피라 미드의 높이를 알 수 있게 됩니다. 탈레스는 이 비례의 원리를 한층 더 발전시켰

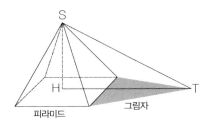

피라미드   그림자

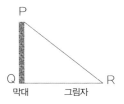

막대   그림자

습니다. 그래서 그리스 사람들은 그를 비례의 신이라고 부르기도 했습니다.

중학교 2학년 수학 / 도형의 닮음

이 단원에서는 닮은 도형의 성질을 이용하여 평면도형과 입체도형에 활용하는 내용들을 소개한다.
두 개의 도형이 서로 닮음이면 다음과
같은 성질을 만족한다.

(1) 대응하는 변의 길이의 비는 같다.
(2) 대응하는 각의 크기는 같다.

즉, $\triangle ABC \backsim \triangle A'B'C'$ 이면
$\overline{AB} : \overline{A'B'} = \overline{BC} : \overline{B'C'} = \overline{CA} : \overline{C'A'}$ 이고
$\angle A = \angle A'$, $\angle B = \angle B'$, $\angle C = \angle C'$ 이다.

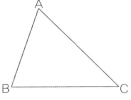

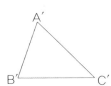

인류 최초로 과학과 수학을
장사에 응용하다

탈레스는 매우 뛰어난 상인이었습니다. 남다르게 수학과 과학을 장사에 응용한 최초의 상인이라 할 수 있습니다. 그는 천문학에 관한 해박한 지식 덕분에 기후 변화를 예측할 수 있었고, 올리브의 생산량을 통계적으로 분석해 막대한 이익을 얻었습니다.

당시 올리브는 그리스의 경제를 움직이는 중요한 자원이었는데 몇 년 동안 올리브의 생산량이 엄청나게 줄었습니다. 탈레스는 지난 3~4년 동안의 기후 변화를 과학적으로 분석했습니다. 그 결과 이번에는 올리브 농사가 풍작이 될 것이라고 예측했습니다. 그리고 올리브 수확량에 따라 올리브기름을 짜는 압축기의 수요가 얼마나 달라지는지 수학적으로 분석했습니다.

그 후, 탈레스는 하인들을 시켜 마을을 돌아다니며 올리브기름을 짜는 압축기를 사들이도록 했습니다. 사람들은 당연히 몇 년 동안 사용하지도 않고 마당 한 구석에 애물단지처럼 처박혀 있던 압축기를 서로 팔려고 내놓았습니다. 그래서 밀레투스의 올리브 농가에서 소유하고 있던 대부분의 압축기를 아주 싼 값으로 살 수 있었습니다.

그가 예측한 대로 그 해는 올리브 농사가 풍작이었습니다. 많은 양의 올리브를 수확한 농부들은 올리브기름을 짜기 위해 압축기가 필요했습니다. 탈레스는 올리브 농가에 압축기를 비싸게 빌려주었고, 덕분에 그는 많은 돈을 벌었습니다.

날씨와 통계를 이용해 큰 돈을 번 탈레스의 이야기는 오늘날에도 찾아볼 수 있습니다. 흔히 '날씨 마케팅'이라 불리는 것입니다. 날씨에 가장 많은 영향을 받는 업종 중에 하나가 에어컨을 파는 회사입니다. 한때 엄청나게 더운 해가 있었습니다. 갑자기 더워진 날씨 때문에 에어컨의 수요가 엄청나게 증가해 웃돈을 주고도 살 수 없을 지경이 되었습니다. 그런데 에어컨을 생산하는 한 회사에서는 기상청에서 발표하는 일기 예보에 지속적인 관심을 갖고 있었기 때문에, 이 사실을 미리 알고 있었답니다. 많은 양의 에어컨을 생산하여 창고에 보관해 두었던 그 회사는 다른 회사보다 훨씬 많은 에어컨을 팔아 큰 이익을 챙겼답니다.

탈레스의 상술이 얼마나 앞선 것인가를 알 수 있겠지요? 20세기에 와서 이용되는 첨단 날씨 마케팅을 2천 5백 년 전에 벌써 활용할 정도로 그는 대단한 수학자였습니다.

일식을 예언한 탈레스

탈레스는 수학뿐만 아니라 천문학에도 실력이 뛰어났습니다. 그는 지구가 둥글다는 사실과 1년은 365와 1/4일이라는 것을 알아냈습니다. 또한 개기 일식을 예언해 사람들을 놀라게 했는데 그의 이름을 드높인 계기가 기원전 585년에 일어난 일식태양이 달에 가려지는 현상으로 일식 때는 태양과 지구 사이에 달이 들어가서 태양빛으로 생기는 달의 그림자가 지구에 생기고, 이 그림자 안에서는 태양이 달에 가려져 보인다 때문이었습니다.

탈레스는 천문학 지식을 동원해 일식을 정확히 예측할 수 있었고 개기 일식이 일어나는 날에 메디아와 리디아의 싸움이 끝날 것이라고 예언했습니다. 밝은 대낮에 갑자기 태양빛이 점점 희미해져서 한참 후에는 태양이 완전히 사라져 버린다는 이야기를 사람들은 믿지 못했습니다. 그러나 탈레스가 예언한 바로 그날 정확하게 일식이 일어났습니다. 태양이 차츰 어두워지더니 마침내 완전히 빛을 잃게 되고 캄캄한 밤이 찾아왔습니다.

한편 소아시아의 리디아 왕국은 이웃 나라 메디아 왕국과 5년 동안이나 전쟁 중이었습니다. 그런데 갑자기 일식이 시작되고 태양이 모습을 감춰버리자, 싸움을 하던 병사들은 겁에 질려 도망쳤습니다. 그리고 양쪽 나라의 지도자들은 '우리가 싸움을 너무 오래해서, 신이 노한 것이 틀림없다.'라고 생각했습니다. 그리고 양쪽 나라는 즉시 싸움을 멈추고 자신의 나라로 돌아갔다고 합니다.

개기 일식이 일어나는 날을 정확히 맞추고, 또한 이 개기 일식 때문에 전쟁이 끝난다는 사실을 예언했던 탈레스가 그 후 위대한 학자로 인정받게 된 것은 당연한 일이었습니다.

피타고라스의 정리를 밝힌 **피타고라스**

피타고라스 (기원전 570년경)
그리스의 수학자이며 철학자인 피타고라스는 '피타고라스의 정리'를 수학적으로
증명한 최초의 사람이에요. 그는 수학과 음악에 뛰어난 재능을 보였으며 수의 비
례를 이용하여 피타고라스의 음계를 만들기도 했어요. 그는 만물이 수라고 생각
했기 때문에 수에 대해 관심을 가지고 자연 속에 있는 여
러 가지 수의 성질에 대해 연구를 했어요.

신비에 쌓인 피타고라스

사모스 섬의 피타고라스 동상

'피타고라스의 정리'로 유명한 피타고라스는
기원전 570년경 사모스 섬에서 태어났습니다. 피타
고라스의 생애에 대해서는 잘 알려져 있지 않습니다.
그를 따르던 제자들은 그를 신비한 인물로 만들어 그
의 모든 행적을 비밀에 부쳤습니다. 단지 피타고라스
는 탈레스보다 50세 아래이고 탈레스의 고향 근처에서 살았던 것으로 미루어 아마
도 탈레스 밑에서 공부를 했을 것이라고 추측합니다.

피타고라스가 탈레스 밑에서 공부하게 된 배경에 대해 유명한 일화가 있습
니다.

하루는 탈레스가 길을 가는데 한 소년이 장작을 지고 가고 있었답니다. 그

31

런데 그 장작을 쌓아올린 솜씨가 독특해서 그 아이를 불러 세웠습니다. 그리곤 장작을 내려놓고 다시 쌓아 보라고 했습니다.

소년은 잠시 망설이더니 장작을 내려놓고 원래대로 다시 쌓기 시작했습니다. 탈레스는 소년의 행동을 유심히 지켜보았습니다. 이 소년은 다른 사람들과 달리 장작을 쌓는 가장 튼튼하고 효율적인 방법을 터득하고 있었습니다. 그는 소년에게서 남다른 천재성을 발견하고 공부를 해 볼 것을 권유했다고 합니다. 이 소년이 바로 피타고라스입니다. 결국 피타고라스는 탈레스의 말을 받아들여 공부하기 위해 사모스 섬을 떠났습니다.

이 일은 피타고라스가 탈레스 이후 그리스에서 가장 뛰어난 수학자가 될 수 있는 길을 열어준 계기가 되었습니다. 피타고라스는

라파엘로가 그린 〈아테네 학당〉의 피타고라스

여러 해 동안 탈레스 밑에서 공부를 하면서 그때까지 알려진 수학적 지식을 모두 습득하고 그 뒤 이집트와 바빌로니아로 유학을 갔습니다.

직각삼각형의 정리, 피타고라스의 정리를 증명하다

피타고라스의 업적 중에 가장 중요한 것이라면 당연히 '피타고라스의 정리'입니다. 피타고라스의 정리란 "직각삼각형에서 빗변의 길이의 제곱은 다른 두 변의 길이의 제곱의 합과 같다."라는 원리입니다.

사실 직각삼각형과 관련된 이 정리는 피타고라스가 처음으로 발견한 것은 아닙니다. 이미 이집트와 메소포타미아에서는 '삼각형 세 변의 길이의 비가 3 : 4 : 5나 5 : 12 : 13이면 그 삼각형은 직각삼각형이다' 라는 사실이 오래전부터 전해왔고 이것으로 직각을 만드는 데 사용했습니다. 그럼에도 '직각삼각형의 정리' 를 '피타고라스의 정리' 라고 부르는 이유는, 피타고라스가 이 정리를 처음으로 증명했기 때문입니다. 피타고라스의 정리는 수학사 최초의 '증명' 이기도 합니다.

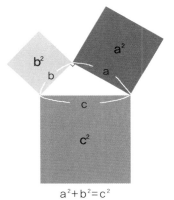

$$a^2 + b^2 = c^2$$

또한 그는 도형에 관련된 많은 업적을 남겼습니다. 그 중 하나가 '한 변의 길이를 알 때 정오각형을 작도하는 방법' 을 찾아낸 것입니다. 피타고라

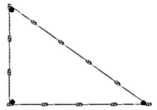

옛날 사람들은 긴 끈에 위와 같이 12개의 매듭을 묶어 삼각형을 만들면 직각이 만들어진다는 것을 알고 이를 건축물을 지을 때 활용했다.

스의 제자들은 이것에서 황금 분할을 발견했는데, 이 황금분할은 주어진 선분을 두 부분으로 나누는 가장 아름다운 분할법으로 회화, 조각, 건축 등에 널리 이용했습니다.

그리고 당시 이집트인들은 정사면체, 정육면체, 정팔면체라는 세 가지 정다

면체만을 알고 있었는데, 피타고라스는 정십이면체와 정이십면체를 발견했고, 정다면체는 이들 다섯 종류밖에 존재하지 않음을 증명했습니다.

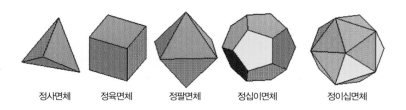

정사면체   정육면체   정팔면체   정십이면체   정이십면체

피타고라스 학파의 고민거리, 무리수

피타고라스의 업적 중에 피타고라스와 그의 학파에 커다란 고민을 안겨주었던 것이 있었는데 그것은 무리수의 발견입니다.

피타고라스 시대에 그리스인들이 알고 있는 수는 유리수 _{분수로 나타낼 수 있는 수} 밖에 없었습니다. 그런데 피타고라스는 한 변의 길이가 1인 정사각형의 대각선의 길이는 분수로 나타낼 수 없음을 알게 되었습니다.

피타고라스 학파는 모든 크기를 유리수로 나타낼 수 있다고 믿고 있었고 그동안 많은 사람들에게 그렇게 가르쳤기 때문에 그것에 위배되는 이 수를 세상에 알릴 수가 없었습니다. 결국 일반인들에게 무리수가 알려진 것은 오랜 시간이 지난 후에야 가능했습니다.

피타고라스 학파
고대 그리스 철학의 한 파로 피타고라스가 만들었다. 기원전 6세기 전반 이탈리아 남부 크로톤에서 활동했다. 수학과 과학에서 많은 업적을 남겼으며, 종교와 정치에도 많은 영향을 끼쳤다. 기원전 5세기 후반에 반대파들 때문에 해체했으나 뒤에 플라톤 등 수많은 철학자에게 큰 영향을 주었다.

비밀 속에 꼭꼭 숨겨진 피타고라스 학파

피타고라스는 이탈리아 남부에 있는 크로나 지방에 살면서 제자들을 가르치기 위해 '피타고라스 학교'를 설립했습니다. 그의 명성을 듣고, 학문에 뜻을 둔 많은 젊은이들이 찾아왔습니다. 그는 이들에게 철학과 수학, 그리고 과학을 가르쳤습니다. 그러나 누구나 그의 제자가 될 수 있는 것은 아니었습니다. 피타고라스 학파의 회원이 되기 위해서는 엄격한 조건을 따라야 했습니다.

우선 회원이 되려면 전 재산을 맡겨야 했고, 검소한 생활과 인내, 순결, 절대적인 순종 등을 약속해야 했습니다. 뿐만 아니라 회원들의 개인 행동은 엄격하게 통제되었으며 피타고라스 학파의 발전에 전심전력을 다해야 했습니다. 당시 젊은이들에게는 '피타고라스 학파' 회원이 되는 것이 커다란 자부심과 명예였습니다. 그러면서도 특이한 점은 당시 공식적인 자리에 참여할 수 없던 여자들도 강의를 들을 수 있게 똑같은 기회를 주도록 한 것입니다.

피타고라스는 유별난 방법으로 자신의 학파를 지켰습니다. 그는 모든 수업을 기록에 남기지 않고 입으로만 가르쳤고, 학파에서 발견한 모든 내용은 철저히

비밀로 간직했습니다. 그리고 함께 연구한 모든 내용과 발견들은 모두 피타고라스의 이름으로 발표해야 했습니다. 피타고라스 학파는 점점 발전하여 나중에

메타폰툼 : 고대 그리스의 도시

는 정치적인 힘과 세력을 갖게 되었습니다. 하지만 그것이 올가미가 되어, 정치적 반대파에게 불의의 공격을 받게 되었습니다. 결국 학파는 해체되었고, **메타폰툼**으로 도망간 피타고라스는 반대파들에게 목숨을 잃었습니다.

피타고라스 학파의 비밀스런 수의 세계

피타고라스는 만물의 근원을 수로 보았습니다. 그는 수의 복잡한 성질을 밝힘으로써 자신의 운명을 개선할 수 있을 것이라고 생각했습니다. 그가 수에 대해 그렇게 열심히 연구한 것도 이러한 철학적인 의지가 있었기 때문에 가능했습니다.

피타고라스는 수의 여러 가지 성질을 연구하고 각각의 수가 가진 독특한 성질을 구분하여 홀수, 짝수, 소수, 합성수, 친화수, 조화수, 완전수 등으로 분류했습니다.

예를 들어, '친화수'란 220과 284처럼 각각의 약수의 합이 서로의 다른 수가 되는 경우의 수입니다. 220의 약수는 1, 2, 4, 5, 10, 11, 20, 22, 44, 55, 110이고 이 수들의 합은 284입니다. 그리고 284의 약수는 1, 2, 4, 71, 142로 이 수들의 합은 220이 됩니다. 피타고라스 학파의 사람들은 이와 같은 두 수를 신비한 수라고 생각했고, 이 수를 쓴 부적을 가지고 다니면 완전한 우정이 보장된다는 믿음을 가질 만큼 수에 대해 특별한 의미를 두었습니다.

또한 6의 진약수는 1, 2, 3이고 28의 진약수는 1, 2, 4, 7, 14 입니다. 그런데 6=1+2+3, 28=1+2+4+7+14가 성립합니다. 이와 같은 수를 피타고라스 학파 사람들은 완전수라고 불렀습니다.

중학교 1학년 수학 / 수와 연산

이 단원에서는 두 수의 공약수와 공배수에 대해 설명한다. 이미 초등학교에서 약수의 개념을 배운 학생들은 두 수를 비교하고 두 수 사이에 공통인 약수를 찾아 수의 성질을 연구한다.

약수 : $a = m \times b$일 때 b를 a의 약수라고 한다.
공약수 : 두 개 이상의 자연수의 공통인 약수를 공약수라고 한다.

자연수의 분류
(1) 1 : 약수의 개수가 1개
(2) 소수 : 약수의 개수가 2개
(3) 합성수 : 약수의 개수가 3개 이상

사원에 깔린 블록에서 힌트를 얻다

'피타고라스의 정리'는 직각삼각형에서 "직각을 낀 두 변 위에 그려진 정사각형의 넓이의 합은 빗변 위에 그려진 정사각형의 넓이와 같다."라는 것입니다. 피타고라스가 이 유명한 정리를 어떻게 생각해냈는지에 대해서는 여러 가지 추측이 있는데, 그 중 하나가 당시 사원 앞에 깔린 그림과 같은 보도블록을 보고 힌트를 얻었다는 것입니다.

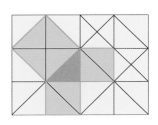

그림의 주황색 직각삼각형의 주위를 유심히 보면, 빗변 위에 그려진 정사각형에는 보도블록 4개가 들어가고 다른 변 위에 그려진 정사각형에는 각각 2개씩 들어갑니다.

즉, 빗변을 한 변으로 하는 정사각형의 넓이와 나머지 두 변을 각각 한 변으로 하는 정사각형의 넓이의 합과 같게 되므로 "직각삼각형의 빗변 길이의 제곱은 다른 두 변 길이의 제곱의 합과 같다."라는 결과가 됩니다.

피타고라스는 이 정리의 증명을 성공하였을 때, 너무 기쁜 나머지 100마리의 황소를 잡아 신에게 바쳤다고 합니다. 하지만 많은 학자들은 피타고라스

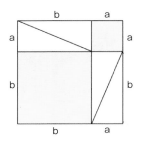
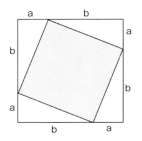

가 앞의 그림과 같이 도형의 분할에 의한 방법으로 증명했을 것이라고 추측합니다.

중학교 3학년 수학 / 피타고라스의 정리

이 단원에서는 피타고라스의 정리와 증명 방법 그리고 피타고라스 정리를 간단한 도형에 활용하는 방법을 설명하고 있다.
지금까지 알려진 피타고라스 정리의 증명 방법은 쉬운 것만 해도 100가지가 넘는다. 그중 교과서에 빈번하게 나오는 증명은 다음과 같다.

오른쪽 그림과 같이 직각삼각형 ABC에서 두 변 CA, CB를 연장하여 한 변의 길이가 a+b인 정사각형 EFCD를 그리면 이 정사각형의 네 꼭지점에서 직각을 낀 두 변의 길이가 각각 a, b인 직각삼각형 ABC, HAD, GHE, BGF는 서로 합동(SAS 합동)이다.

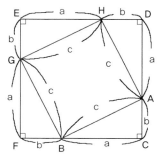

이때, $\angle BAH = 180° - (\angle BAC + \angle HAD) = 180° - 90° = 90°$
이므로 사각형 HGBA는 한 변의 길이가 c인 정사각형이다.
한편 정사각형 EFCD의 넓이는 정사각형 HGBA의 넓이와 네 개의 직각삼각형의 넓이의 합과 같으므로
$\square EFCD = \square HGBA + 4\triangle ABC$ 이다.
$(a+b)^2 = c^2 + 4 \times \frac{1}{2}ab$
$a^2 + 2ab + b^2 = c^2 + 2ab$
이므로 여기에서 $a^2 + b^2 = c^2$ 임을 알 수 있다.

무리수 $\sqrt{2}$의 비밀

피타고라스 학파 사람들에게 수학은 아주 특별한 것이었습니다. 그들은 '만물의 근원은 수'라고 믿었고 정수와 정수의 비로 모든 기하학적인 대상을 표현할 수 있다고 믿었습니다. 비록 한 변의 길이가 1인 정사각형 대각선의 길이를 나타낼 수 있는 분수를 아무도 찾지는 못했어도, 그들이 아직 찾지 못한 어떤 정수의 비가 존재할 거라는 믿음이 있었습니다. 그러한 생각은 다른 수의 존재를 받아들일 수 없게 했습니다.

그런데 그들 중 한 사람인 히파수스가 한 변의 길이가 1인 정사각형의 대각선을 표현할 수 있는 어떤 수도 존재하지 않음을 보이자 그들은 혼란에 빠졌습니다. 히파수스의 주장이 잘못되었음을 증명하고 대각선의 길이를 근사적으로 나타내기 위해 연구했습니다. 그들은 $\sqrt{2}$는 수가 아니라고 주장하며 이 수의 존재를 발설하지 못하도록 했습니다. 그러나 결국 히파수스는 피타고라스 학파의 맹세를 깨고 정수의 비로 표현할 수 없는 수가 존재함을 선언했습니다.

히파수스의 이런 행동에 분노한 피타고라스 학파 사람들은 자신들의 엄격한 규율을 무시하고 피타고라스 학파의 명예를 더럽힌 히파수스를 용서할 수 없었습니다. 결국 히파수스는 피타고라스 학파에 의해 살해되었고 진실은 여러 해 동안 비밀로 남겨지게 되었습니다.

피타고라스 정리의 여러 가지 증명 방법

피타고라스 시대 이후로 피타고라스 정리에 대한 수많은 증명 방법이 나왔습니다. 수학의 모든 분야에서 이 정리에 대한 증명만큼 다양하고 많은 증명법이 알려진 것은 없을 것입니다. 루미스는 그의 책 ≪피타고라스 정리≫에 370가지나 되는 정리들을 수집해서 분류하여 적어 놓았습니다.

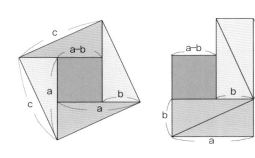

인도의 수학자이자 천문학자인 바스카라 2세는 그림을 그려 놓고 "보라!"라는 말 이외에 아무것도 적어 놓지 않았다고 합니다.

또한 미국의 20대 대통령 가필드는 학창 시절부터 수학에 대해 흥미와 재능이 있었습니다. 그가 대통령이 되기 5년 전, 하원 의원으로 있을 때 독창적인 방법으로 피타고라스의 정리를 증명하였는데 이 증명은 뉴잉글랜드 교육 잡지에 게재가 되었습니다. 이 증명법은 교과서에 실려 많은 학생들에게 영향을 주었습니다.

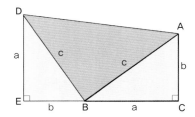

기 하 학 의   토 대 를   세 운 유클리드

중학교 1학년 수학 / 자연수의 성질
중학교 3학년 수학 / 피타고라스의 정리

유클리드 (기원전 330년 ~ 기원전 275년경)
유클리드는 기하학의 아버지라고 불릴 만큼 기하학에서 뛰어난 업적을 남겼어요.
그가 쓴 수학책인 《원론》은 그 책이 만들어진 후, 거의 2천 년 동안 수학 교과
서로 불리며 많은 사람들에게 영향을 끼쳤답니다. 대부분의 수학자들은 유클리드
《원론》을 바탕으로 자신들이 발견한 정리들을 증명해내기도 했어요.

이집트 교수로 초빙된 유클리드

유클리드는 기원전 300년경 활동했던 고대 그리스 수학자입니다. 그의 명

톨레미 1세(기원전367~기원전283)

성은 그리스뿐만 아니라 이집트까지 알려져 있었습니다. 유클리드는 당시 이집트의 왕이었던 **톨레미**의 초청을 받아 이집트의 알렉산드리아로 가서 그곳에서 활동했습니다.

알렉산드리아는 이집트 문명의 중심지였습니다. 그 곳은 세계를 정복한 알렉산더 대왕이 자신의 이름을 따서 만든 아름답고 화려한 도시입니다.

한때 알렉산더 대왕의 부하였던 톨레미는 알렉산더 대왕이 죽은 후 이집트 의 왕이 되었는데, 학문을 사랑했던 알렉산더 대왕의 업적을 기리기 위해 **알렉산드 리아**에 도서관을 만들고, 대학을 설립했습니다. 톨레미는 세계 최고의 도서관을

만들기 위해 많은 돈을 투자해, 여러 곳에서 귀중한 책과 자료들을 수집했습니다. 또한 아르키메데스, 아폴로니오스, 에라토스테네스, 프톨레마이오스(천문학자), 헤론, 메네라우스 등 그 당시의 이름 있는 학자들을 초빙하였고 이곳은 오랜 기간 동안 많은 학자들이 학문을 연구하고 교육하는 문화의 중심지가 되었습니다.

알렉산드리아
고대 수학의 최대 중심지다. 알렉산더 대왕이 아시아와 이집트 등을 차례로 정복한 후 나일강 근처에 세계에서 가장 화려하고 장엄한 도시를 건설해 그 이름을 알렉산드리아라고 불렀다.
아쉽게도 알렉산드리아는 나중에 사라센 장군인 오마루에게 함락되면서 수많은 자료와 책들이 한 줌의 재가 되고 말았다.
당시 그리스의 많은 학자들이 도서관을 지키기 위해 오마루 장군에게 도서관만은 파괴하지 말아 달라고 애원하였으나 오마루는 수만 권의 귀중한 서적을 끌어내어 전부 태워 버렸는데, 이 책을 태우는 데 걸린 시간만도 6개월이나 되었다고 한다.

유클리드 역시 톨레미의 초청으로 이집트로 갔으며 알렉산드리아대학의 수학과 교수로 일했습니다. 그는 그곳에서 톨레미왕의 두터운 신임과 존경을 한 몸에 받을 만한 뛰어난 업적을 남겼습니다.

기하학의 교과서로 불리는 ≪원론≫

유클리드는 알렉산드리아대학에서 학생들을 가르치면서 수학사에 길이 빛날 업적을 남겼습니다. 그것은 바로 기하학 교과서로 유명한 ≪원론≫을 쓴 것입니다.

불후의 명저, 유클리드의 ≪원론≫은 ≪스토이케이아≫라고 불렸으며, 영어로는 ≪Elements≫라고 번역되었습니다. 현재 수학 교과서에 나오는 기하학 대부분이 유클리드 기하학에서 비롯된 것이라고 생각하면, 이 책이 수학사에 있어서 어느 정도 영향력을 끼쳤는지 짐작할 수 있습니다.

재건축된 현재의 알렉산드리아 도서관

≪원론≫은 '수학의 바이블'로 성경 다음으로 많은 사람들에게 읽혀졌고 다양한 언어로 번역되어 2천 년 이상 기하학 교육의 뼈대 역할을 했습니다.

그러나 ≪원론≫에 들어 있는 내용이 모두 유클리드의 것이라고 할 수는 없습니다. 많은 부분이 이미 알려진 내용이었습니다. 유클리드는 피타고라스, 플라톤 등 그 이전의 수학자들이 연구한 여러 가지 자료를 체계적으로 정리했습니다. 거기에 자신의 생각을 포함시켜 논리적인 결과를 만들어낸 것이 바로 ≪원론≫입니다.

당시 기하학은 수학을 배우는 사람들에게는 가장 기본적인 원리였지만 체계적으로 배울 만한 교재가 없었습니다. 유클리드 역시 자신의 제자들을 가르치기 위해서는 특별한 교재가 필요하다는 것을 느꼈고 지금까지 알려진 수학적인 지식

아테네 학교
플라톤의 아카데미 입구에는 "기하학을 모르는 자는 이 문으로 들어오지 말라."라는 글이 적혀 있었다. 당시의 기하학이란 논증 기하로 논리적 사고의 중요성을 일컫는 글이라고 할 수 있다.

들을 모두 모아 정리하게 된 것입니다.

이렇게 만들어진 ≪원론≫은 어떤 책보다 정확하고 논리적이었습니다. 많은 수학자들이 이 책을 보고 감탄했으며, 유클리드의 놀라운 업적에 찬사를 보냈답니다. 당시 이집트의 왕인 톨레미도 이 책에 대해 아낌없이 칭찬했습니다.

유클리드의 ≪원론≫은 1482년 베니스에서 처음으로 인쇄되었고 지금까지 1천 판이 넘을 정도로 많이 인쇄되었습니다. 그러나 아쉽게도 유클리드가 직접 쓴 그리스어 원본은 전해지지 않으며, 테온이라는 사람이 쓴 교정본을 참고로 한 복사본만이 전해질 뿐입니다.

유클리드의 ≪원론≫은 총 13권입니다. 그 책에는 모두 465개의 명제가 수록되어 있는데, 기하학적인 내용뿐만 아니라 수의 성질을 연구하는 수론 및 대수적인 내용들도 포함되어 있습니다. 각 권을 간단히 정리하면 다음과 같습니다.

제 1 권 : 수직, 평행 및 평행4변형으로부터 피타고라스의 정리
제 2 권 : 2차 방정식을 면적으로 나타내는 것에 의한 해법
제 3 권 : 원, 호, 원주각
제 4 권 : 내접 및 외접정다각형
제 5 권 : 비례론
제 6 권 : 비례론의 도형에의 응용
제 7 권 : 정수론
제 8 권 : 등비급수

제 9 권 : 정수론

제 10권 : 무리수

제 11, 12, 13권 : 입체기하 - 정다면체는 정4면체,
정6면체, 정8면체, 정12면체, 정20면체
의 5종류밖에 없음을 증명하고 있다.

그러나 이런 유클리드의 업적과 명성에 비해 그의 일생에 대해 알려진 것은 거의 없고, 단지 그가 쓴 책들만 전해질 뿐인데, 그것도 대부분 분실되고 다른 책의 주석으로 전해지고 있습니다.

그가 쓴 책으로는 《기하학에 관하여》, 《오류론》, 《곡면자취론》 등이 있습니다.

피타고라스의 증명

유클리드가 《원론》 제 1권의 마지막을 장식한 피타고라스 정리의 증명은 대수적_{수의 성질이나 관계를 이용한 수학}인 방법을 이용하지 않고 실제로 정사각형의 넓이를 합하는 기하학적_{점, 선, 면 등의 공간 도형의 성질을 이용한 수학}인 방법을 사용했습니다. 이 우아한 증명은 '신부의 의자'라 불리는 그림에서 시작되었습니다.

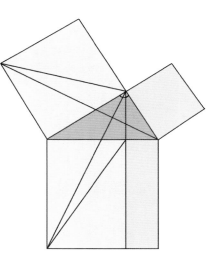

또한 피타고라스 정리의 역도 증명했는데 그의 증명은 짧고 간결하며 피타고라스의 정리 자체를 이용해 증명했다는 것에 주목할 만합니다.

중학교 3학년 수학 / 피타고라스의 정리

초등 수학에서 기하의 대부분은 유클리드 《원론》에 나와 있는 내용들이다. 피타고라스의 정리를 증명한 것 중 유클리드의 증명법은 컴퓨터 애니메이션 등의 실험을 통해 확인할 수 있어 많이 활용되고 있다. 또한 증명 과정에서 도형의 여러 가지 성질을 확인할 수 있어서 수행평가 문제로 자주 등장한다.

유클리드 호제법

유클리드 호제법이란 《원론》의 제 Ⅶ권에 실려 있는데, 두 개 이상인 정수의 최대공약수를 찾는 방법입니다. 일반적으로 구하고자 하는 두 수가 큰 수인 경우 이 방법을 사용하면 편리하게 구할 수 있습니다.

다음은 240과 366의 최대공약수를 구하는 과정입니다.

	240	366	1
		240	
		126	

366을 240으로 나눈다.
(몫 1, 나머지 126)

1	240	366	1
	126	240	
	114	126	

240을 126으로 나눈다.
(몫 1, 나머지 114)

1	240	366	1
	126	240	
	114	126	1
		114	
		12	

126을 114으로 나눈다.
(몫 1, 나머지 12)

1	240	366	1
	126	240	
9	114	126	1
	108	114	
	6	12	2
		12	
		0	

114를 12으로 나눈다.
(몫 9, 나머지 6)

1	240	366	1
	126	240	
9	114	126	1
	108	114	
	6	12	

12를 6으로 나눈다.
(나누어 떨어짐)

따라서 두 수의 최대공약수는 6입니다.

중학교 1학년 수학 / 자연수의 성질

이 단원에서는 초등학교에서 배운 약수의 개념을 이용하여 두 수의 공통인 약수 중 가장 큰 약수인 최대공약수를 간단하게 구하는 방법을 설명하고 있다.

예를 들어, 36과 90의 최대공약수는 다음과 같이 두 가지 방법을 사용하여 구한다.

```
2) 36    90
3) 18    45
3)  6    15
    2     5
```

$36 = \boxed{2} \times 2 \times \boxed{3} \times 3$
$90 = \boxed{2} \times \times \boxed{3} \times 3 \times 5$

따라서 구하는 최대공약수는 $2 \times 3 \times 3 = 18$ 이다.

중학교 교과서에 나와 있지는 않지만 큰 수의 최대공약수를 구할 때, 유클리드 호제법을 소개하기도 한다.

수학의 성경
《원론》을 사랑한 사람들

유클리드의 《원론》은 수세기 동안 전해져 내려오면서 서구 문명과 사상에 많은 영향을 끼쳤습니다. 아마 성경을 제외하고 이 책만큼 많이 연구되고 해석된 책은 없을 것입니다.

성경에서 마태복음 3장 16절을 마3:16으로 나타내는 것처럼 수학에서 Ⅰ.47 이라고 하면 《원론》 제 Ⅰ권 명제 47을 나타내는 표시입니다. 유클리드의 《원론》은 '수학의 성경'이라고 말해도 과언은 아닙니다. 이처럼 유클리드의 《원론》을 사랑했던 사람들 중에는 대표적으로 미국 대통령 링컨과 영국의 철학자 러셀이 있습니다.

미국의 대통령이었던 링컨은 자신의 판단력과 추리력을 훈련하기 위해 《원론》을 공부했다고 합니다. 그의 자서전에 보면 링컨은 23세에 유클리드의 《원론》을 샀는데 법정에 갈 때에도 가방에 넣고 다녔으며 사람들이 잠든 깊은 밤에도 촛불을 켜놓고 이 책을 읽었다고 합니다.

노벨문학상을 수상한 유명한 영국의 철학자인 러셀은 11세에 형을 통해 유클리드 《원론》을 공부하기 시작했는데, 이것이 일생에서 가장 중요한 사건이라고 말할 정도였다고 합니다. 이렇게 《원론》은 많은 사람들에게 읽혀졌으며 수학사에 많은 영향을 끼쳤습니다.

도형의 넓이를 잰 아르키메데스

아르키메데스 (기원전 287년 ~ 기원전 212년)
아르키메데스는 고대 그리스 최고의 수학자이며 물리학자예요. 그는 순수 수학과 관련된 연구뿐만 아니라 수학과 과학적 원리를 이용하여 생활과 전쟁에 필요한 다양한 도구를 만들기도 했어요. 특히 아르키메데스는 기하학에 관심이 많았는데 구의 부피와 그 구에 외접하는 원기둥의 부피와의 관계를 알아냈지요.

코논, 에라토스테네스와의 행운의 만남

역사상 위대한 수학자 중 한 사람으로 일컬어지는 아르키메데스는 시칠리아 섬 시라쿠사에서 태어났습니다.

아르키메데스가 열한 살이 되던 해, 당시 학문의 중심지였던 이집트의 알렉산드리아의 뮤세이온에서 수학자 코논을 만났습니다. 그는 뛰어난 수학자였던 코논에게 기하학을 배우면서 수학의 세계에 빠져들었습니다. 아르키메데스가 나중에 기하학에 많은 업적을 남긴 것도 코논의 영향이 컸습니다.

아르키메데스의 고향 시라쿠사

아르키메데스 삶에 영향을 끼친 또 한 사람이 지구의 크기를 처음으로 계산했던 에라토스테네스입니다. 아르키메데스는 코논과 에라토스테네스와 오

50

랜 기간 동안 친하게 지내면서 각자가 연구한 내용들을 편지로 교환하며, 생각을 함께 공유하기도 하고 새롭게 발견한 사실들을 알려주기도 했습니다. 이러한 사실은 그가 죽고 여러 해가 지난 후에 서로 교환했던 편지가 발견되면서 알려지게 되었습니다.

수학과 과학 원리를 이용해 많은 발명품을 만들다

아르키메데스는 뮤세이온에서 공부를 마친 후, 고향인 시라쿠사로 돌아왔는데, 평소에 친분이 있었던 시라쿠사의 왕 헤론의 적극적인 후원을 받아 경제적인 어려움 없이 학문에 정진할 수 있었습니다.

헤론의 배려로 그는 뛰어난 재주를 여러 분야에서 마음껏 발휘했습니다. 특히 그는 수학적 원리를 이용해 생활에 필요한 다양한 물건을 만드는 데 특별한 재능이 있었답니다.

대표적인 발명품으로 나선식 펌프가 있는데, 그것은 현재도 이집트 농촌에서 사용하고 있을 정도로 뛰어난 기구였습니다. '아르키메데스의 스크루'라고 이름이 붙은 그 기구는 밭에 물을 대거나, 늪지의 물을 빼거나 또는 배에 찬 물을 빼내기 위해 만든 것으로, 나선을 응용한 일종의 양수기입니다.

아르키메데스의 스크루

뿐만 아니라 아르키메데스의 발명품들은 조국을 지키는 데 큰 역할을 했습니다. 당시 지중해의 주도권을 둘러싸고 로마와 카르타고의 전쟁이 한창이었을 때

거울을 이용해 로마군의 배를 불태우는 장면

였습니다. 카르타고의 편을 들었던 시라쿠사는 로마 군대의 침략을 받았습니다. 당시 아르키메데스는 70세라는 나이에도 수학과 과학의 원리를 이용한 투석기, 기중기_{무거운 물건을 들어서 옮기는 기계}, 도르래 등을 만들어 로마에 대항했습니다. 시라쿠사의 군대는 아르키메데스가 만든 도르래, 투석기 등의 기구를 이용해 로마 전투함을 향해 큰 돌을 던졌고, 이 때문에 로마의 군대는 시라쿠사 해안에 감히 다가올 수 없었습니다. 로마 역사에 '아르키메데스가 고안한 거대한 투석기가 어마어마하게 큰 돌을 날리는 바람에 군대가 공포에 떨었다.'는 기록이 남아 있을 정도였습니다. 그러나 그의 노력에도 불구하고 시라쿠사는 강한 로마 군대의 힘 앞에서 어쩔 수 없이 무너졌습니다.

입체의 겉넓이, 부피를 구하다

수학에 있어서 아르키메데스의 가장 위대한 업적은 기하학 분야에 있습니다. 그는 다양한 재주가 있었고 여러 분야에 걸쳐 많은 연구를 했지만 지금까지 전해져 오는 것은 주로 수학에 관련된 논문들뿐입니다.

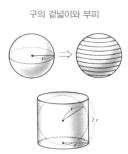

　　그는 기하학을 기술에 적용시킨 학자로서 수학을 실제 생활과 밀접하게 관련된 문제를 해결하는 데에 초점을 두고 연구했습니다. 그로 인해 그리스 수학은 어느 때보다 더 발전할 수 있는 계기를 마련했습니다.

　　아르키메데스가 쓴 작품으로 현재 알려져 있는 것은 ≪평면의 균형에 대하여≫, ≪포물선의 구적(求積)≫, ≪구와 원기둥에 대하여≫, ≪소용돌이선에 대하여≫, ≪코노이드와 스페로이드≫, ≪부체(浮體)에 대하여≫, ≪원의 측정에 대하여≫, ≪모래 계산자≫, ≪가축문제 기타≫ 등이 있습니다.

　　그 중에서 ≪원의 측정에 대하여≫이라는 작품이 가장 유명합니다. 그는 이 논문에서, 원의 둘레와 원의 반지름의 비율인 원주율(π) 값의 측정 방법을 고안하여 π값이 $3\frac{10}{71} < x < 3\frac{1}{7}$ 이 된다는 것을 알아냈습니다. 또한 지레의 원리를 이용해 구의 겉넓이와 부피가 그 구가 내접하는 원기둥의 겉넓이와 부피의 $\frac{2}{3}$가 됨을 증명했습니다.

　　아르키메데스가 알아낸 이 방법은 2천 년이나 지난 후 뉴턴이 발견한 미적분학의 기초가 되었습니다. 17세기 미적분학이 발달되기 전까지 아르키메데스만큼 입체의 부피와 겉넓이에 대해 정확히 정리한 학자는 없을 정도였습니다.

목숨을 앗아간 도형 연구

그의 저서에서 알 수 있듯이 아르키메데스는 도형에 대해 특별한 애정을 가지고 있었습니다. 도형 중에서도 유난히 구와 원기둥에 관심이 많았습니다.

그는 틈만 나면 도형의 성질에 대해 연구했습니다. 그런 아르키메데스에게는 별난 습관이 있었답니다. 그는 다른 사람들처럼 종이에 도형을 그리는 것이 아니라 벽난로에 있는 잿더미 위에 그리기도 하고 목욕을 하고 난 후 몸에 기름을 바르고 그 위에 그리기도 하는 등 아무 곳에나 그림을 그렸습니다. 그런 습관이 그의 죽음을 재촉할 줄은 아무도 몰랐습니다.

시라쿠사가 로마의 공격에 무너지던 날이었습니다. 그날도 아르키메데스는 평소와 마찬가지로 햇빛이 잘 드는 뒷뜰에 앉아 도형에 대한 연구에 몰두하고 있었습니다. 여느 때와 마찬가지로 그는 모래 위에 도형을 그리고 있었습니다.

그런데 어떤 사람의 그림자가 자신이 그린 도형을 가리자 그 사람이 로마

병사인 줄도 모르고 "물러서라, 내 도형이 망가진다."고 외쳤습니다. 그러자 로마병사는 그가 위대한 수학자 아르키메데스인지도 모르고 흥분한 나머지 죽여 버렸다고 합니다.

시라쿠사를 점령한 로마군 지휘관 마르켈루스는 아르키메데스가 비록 적이긴 했지만 그를 존경했습니다. 마르켈루스는 아르키메데스가 평소에 자신이 발견한 위대한 기하학적 도형에 대하여 대단한 긍지를 가지고 있었고 항상 주위 사람들에게 자기가 죽으면 묘비 위에 원기둥에 내접하는 구의 그림을 새겨달라고 했

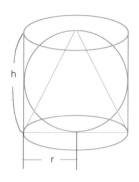

다는 말을 들었습니다. 그는 아르키메데스의 죽음을 애도하며 묘비에 그가 원했던 그림을 새긴 후 그 도시의 공동묘지에 묻어주었다고 합니다.

이러한 사실은 1965년 시라쿠사에서 호텔의 기초공사를 하기 위해 땅을 파던 중, 우연히 원기둥에 내접하는 구의 그림이 그려진 묘비가 발견되면서 확인되었습니다.

π의 계산을 출발시킨 수학자

아르키메데스는 π의 근사값을 계산한 첫 번째 수학자입니다. 오래 전부터 원둘레가 지름의 세 배가 된다는 사실은 알려져 있었습니다. 성경에도 솔로몬 왕이 성전을 지으면서 물탱크를 만들었는데 그 직경이 10큐빗 <small>길이의 단위로 팔꿈치에서 가운데 손가락 끝까지의 길이, 약 17~21인치</small>이요, 둘레가 30큐빗이라고 쓰여 있기 때문입니다. 그러나 누구도 π값을 수학적으로 계산하지는 못했습니다.

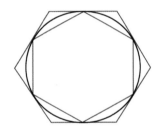

하지만 아르키메데스는 π의 근사값을 찾기 시작했고, 다음 그림과 같이 원의 둘레는 그 원에 내접하는 다각형보다는 길고 원에 외접하는 다각형보다는 짧다는 것을 이용하여 정6각형부터 시작하여 점차, 정12각형, … , 정96각형까지 변의 수를 늘려가면서 그 둘레의 근사값을 계산해서 결국은 $3\frac{10}{71}<\pi<3\frac{1}{7}$을 얻어냈습니다.

이 값은 소수점으로 계산하면 $3.140845\cdots<\pi<3.142857\cdots$입니다.

중학교 1학년 수학 / 도형의 측정

초등학교에서 원 둘레의 길이와 넓이를 구할 때 사용하였던 원주율 3.14는 실제값보다 작은 근사값이다. 원주율의 정확한 값을 구하는 과정을 실제로 설명하고 있지는 않지만 아르키메데스가 사용했던 방법을 통해 원주율이 무한 소수이고 그 값을 π로 나타낸다고 설명한다.

원의 넓이를 측정

아르키메데스는 〈원의 넓이에 관하여〉라는 논문에 반지름이 r인 원의 넓이는 πr^2임을 증명했습니다. 도형 연구에 관한한 타의 추종을 불허한 아르키메데스는 원의 넓이는 언제나 어떤 직각삼각형의 넓이와 같게 할 수 있다는 사실을 알아냈습니다.

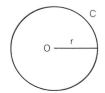 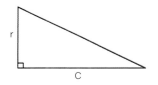

즉 알지 못하는 도형의 넓이는 그와 똑같은 넓이를 가진 잘 아는 도형(넓이를 구할 수 있는 도형)으로 바꿀 수 있다는 것입니다. 따라서 그는 원인 경우에도 원과 같은 넓이를 가진 직각삼각형의 밑면의 길이는 원의 둘레의 길이와 같다는 사실을 이용하여 원의 넓이는 $\frac{1}{2} \times$(반지름)$\times$(원의 둘레) 라는 식을 얻었던 것입니다. 따라서 반지름이 r인 원의 둘레는 $2\pi r$이므로 원의 넓이는 $\frac{1}{2} \times$(반지름)$\times$(원의 둘레)$=\pi r^2$임을 증명할 수 있었습니다.

중학교 1학년 수학 / 도형의 측정

반지름의 길이가 2인 원의 넓이는 $\pi \times 2^2 = 4\pi$이다. 이 단원에서는 원의 일부인 부채꼴의 넓이도 원의 넓이를 이용하여 구하고 있는데, 반지름의 길이가 3인 원에서 중심각의 크기가 $120°$인 부채꼴의 넓이는 $\pi \times 3^2 \times \frac{120}{360} = 3\pi$ 이다.

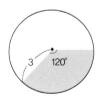

구의 겉넓이와 부피

아르키메데스가 생각한 구의 겉넓이와 부피는 모두 현대 수학에서 알려져 있는 적분의 개념과 같은 관점에서 시작했습니다.

그의 생각은 구하고자 하는 도형의 넓이나 부피는 그 도형을 가는 띠나 얇은 조각으로 무한 개를 쪼개어 그 합을 구하는 것입니다. 쪼개는 수가 많을수록 오차를 줄여 나갈 수 있습니다. 그는 이러한 사실에서 구의 겉넓이는 구의 대원 넓이의 4배와 같다는 놀라운 사실을 발견하게 됩니다.

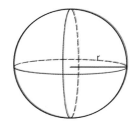 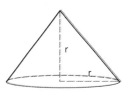

또한 구의 부피는 다음 그림과 같이 밑면을 대원으로 하고 높이가 구의 반지름과 같은 원뿔 부피의 4배와 같다는 것을 발견하였습니다.

중학교 1학년 수학 / 도형의 측정

이 단원에서는 구의 겉넓이와 부피를 구하는 방법을 설명하고 있는데 다음 그림과 같이 구의 겉넓이는 반구를 준비하여 그 표면에 긴 줄을 감은 다음 다시 풀러 평면에 원을 만들면 평면 위에 만든 원의 반지름의

  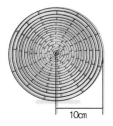

길이는 구의 반지름의 길이의 2배가 됨을 알 수 있다. 따라서 구의 겉넓이 $S=\pi\times(2r)^2=4\pi r^2$이 된다.

또한 구의 부피는 밑면이 원 지름의 길이와 높이가 같은 원기둥을 만들어 물을 가득 채운 후 구를 넣었다 빼면 원기둥 모양의 그릇에 남아 있는 물의 양이 처음의 $\frac{1}{3}$이 되므로 구의 부피는 원기둥의 부피의 $\frac{2}{3}$이다. 따라서 구의 부피 $v=\frac{2}{3}\times2\pi r^3=\frac{4}{3}\pi r^3$이 된다.

1) 밑면의 지름의 길이와 높이가 같은 원기둥 모양의 그릇에 물을 가득 채운다.
2) 지름의 길이가 그릇 밑면의 지름의 길이와 같은 스티로폼으로 만든 구를 물 속에 완전히 잠기도록 넣었다가 뺀다.

  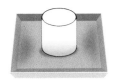

벌거벗은 과학자

하루는 헤론 왕이 금 세공사에게 순금을 주며 왕관을 만들라고 명령했습니다. 며칠 후 왕관이 완성되었고, 왕은 너무도 아름다운 왕관에 감탄을 하며 세공사에게 큰 상을 주었습니다.

그런데 얼마 가지 않아, 아름다운 왕관이 순금이 아니고 은을 섞어 만들었다는 소문이 나돌았습니다. 소문은 헤론 왕의 귀에까지 들어가게 되었고 왕은 너무도 화가 나서 세공사를 불렀습니다. 그리고 그 앞에서 왕관의 무게를 달아보도록 했습니다. 그러나 왕관의 무게는 처음 그가 세공사에게 준 순금의 무게와 같았습니다.

하지만 왕은 세공사에 대한 의심을 지울 수가 없었습니다. 그래서 왕은 아르키메데스를 불러 왕관에 어떤 흠집도 내지 말고 순금으로 만들어진 것인지에 대해 알아보라고 명령했습니다.

왕의 명령을 받은 아르키메데스는 아무리 생각을 해도 별다른 방법을 찾을 길 없어 깊은 고민에 빠졌습니다. 그러던 어느 날, 우연히 목욕탕에 들어갔을 때 물 속에서는 자기 몸의 부피에 해당하는 만큼 무게가 가벼워진다는 것을 알아냈습니다.

새로운 발견에 흥분한 아르키메데스는 옷도 입지 않은 채 목욕탕에서 뛰어 나왔습니다. 그는 "유레카, 유레카(알아냈다, 알아냈다)"라고 외치며, 집으로 달려가 그 금관과 같

은 분량의 순금덩이와 은덩이를 만들어 물속에 넣었습니다. 은덩이는 순금덩이
보다 부피가 커 많은 물이 흘러 넘쳤습니다. 마지막으로 왕관을 물속에 넣자, 순
금덩이를 넣었을 때보다 더 많은 양의 물이 흘러 넘쳤습니다. 그 결과 왕관이 위
조품인 것을 알아냈습니다. 즉 위조 왕관에는 은이 섞여 있어 은이 들어간 양만
큼 물이 넘쳤습니다. 같은 무게의 순금보다도 부피가 크기 때문에 그만큼 부력_액
_{체 속에 있는 물체를 떠오르게 하는 힘}도 커진다는 것입니다. 이것이 바로 유명한 '아르키메데스
의 원리' 입니다.

지구를 들어 올리겠다고……

어느 날 헤론 왕은 기술자들을 시켜 어느 나라에도 뒤지지 않을 만한 큰 군함을 만들었습니다. 그런데 막상 군함을 만들고 나서 그것을 바다에 띄울 수가 없었습니다. 군함이 너무 커서 군사들의 힘으로는 그것을 바다까지 옮길 수 없었던 것입니다.

그래서 헤론 왕은 아르키메데스를 불러 이 문제에 대해 상의를 했고, 아르키메데스는 지렛대와 도르래를 이용해 거대한 군함을 거뜬히 물에 띄웠습니다.

헤론 왕을 비롯한 많은 사람들은 아르키메데스가 한 일을 보고 놀라며 감탄했습니다.

아르키메데스는 "긴 지렛대와 지렛대를 댈 곳만 있으면 지구라도 움직여 보겠다."고 말했다고 합니다.

당시 사람들은 위대한 수학자였던 아르키메데스의 말을 믿었습니다.

하지만 아르키메데스의 말은 과연 사실일까요? 정말 아르키메데스가 지구를 들어 올릴 수 있었을까요? 아마도 아르키메데스는 지구가 얼마나 무거운지 몰랐던 것 같습니다. 어떤 사람이 계산해 보았더니, 아르키메데스의 말대로 지구를 1센티미터 들어 올리려면 약 30조 년이라는 시간이 걸린다는 결과를 얻었다고 합니다.

따라서 이 말은 이론적으로는 가능하지만 현실적으로는 불가능한 일이랍니다.

소 수 찾 기 의 지 존 에라토스테네스

에라토스테네스 (기원전 276년 ~ 기원전 194년)
에라토스테네스의 수학적 업적 중 가장 빛나는 것은 소수를 찾는 방법인 '에라토스테네스의 체'를 고안해 낸 것이랍니다. 이 방법은 현재에도 널리 사용되고 있으며 에라토스테네스의 방법보다 더 좋은 방법은 아직도 찾지 못했다고 하니, 기원전 200년경에 만들어진 그의 방법이 얼마나 대단한 것인지를 알 수 있겠지요.

지식의 놀이터, 알렉산드리아 도서관

키레네(현재의 리비아)

에라토스테네스는 기원전 230년경 지중해 남쪽 연안에 있는 **키레네**에서 태어났습니다. 그는 젊은 시절의 대부분을 아테네 플라톤의 아카데메이아와 아리스토텔레스의 **리케이온**을 다니면서 수학과 과학을 공부했습니다.

이집트의 왕 톨레미 3세는 에라토스테네스의 명성을 듣고 그를 알렉산드리아로 초청했습니다. 톨레미 왕조 당시 알렉산드리아는 지중해뿐만 아니라 전 세계의 종교와 학문 그리고 무역의 중심지였습니다. 그곳에서 아르키메데스나 코논 같은 유명한 학자들과 학문을 연구하며 학생들을 가르치는 등 여러 가지 분야에서 다양한 활동을 하고 있었는데, 그 중에서 특히 알렉산드리아 도서관은 학문의 중

아리스토텔레스의 리케이온
그리스 아테네에 있었던 아폴론 신전 근방의 성벽으로 둘러싸인 교육 기관이다. 아리스토텔레스가 이곳에서 학문을 가르쳤기 때문에 그의 철학 학교의 이름으로 사용되었다. 지금은 흔적만 남아 있다.

알렉산드리아 도서관의 도서관 관장을 맡게 된 에라토스테네스는 도서관에 있는 수학, 문학, 천문, 지리, 역사, 철학 등 모든 분야의 책을 연구했습니다. 그래서인지 그는 수학뿐만 아니라 천문학, 철학 등 다방면에 걸쳐 뛰어난 재능을 보였으며, 운동도 잘해서 알렉산드리아대학의 학생들은 그를 5종 경기의 챔피언인 '펜타슬루스'라고 부르기도 했습니다.

사람들은 에라토스테네스를 '베타(β)'라고 불렀습니다. 베타(β)는 그리스 문자에서 붙여진 알파(α) 다음으로 두 번째 나오는 그리스 문자입니다. 그가 '베타'라는 별명을 얻게 된 것은, 모든 분야에 걸쳐 뛰어난 사람이기는 하지만 어느 한 분야에서도 그 분야의 최고가 되지 못하고 항상 2인자의 자리에 머물렀기 때문이라고 합니다.

'에라토스테네스의 체'를 발견하다

그런 그가 가장 두각을 나타낸 분야는 수학이었습니다. 그는 소수를 찾는 방법인 '에라스토테네스의 체'를 발견했습니다. 소수란 1과 그 수 자신으로만 나누어지는 자연수를 말합니다. 이것은 역사상 가장 효과적으로 소수를 찾는 방법으로 일정한 수에서 소수를 체에 거르듯 골라낸다고 해서 '체'라고 부르게 되었습니다. 소수에 대한 에라토스테네스의 아이디어는 오늘날까지도 수학 책에 나와 있을 정도로 기발합니다.

다음은 에라토스테네스가 발명한 에라토스테네스의 체를 통해 1부터 100까지의 자연수 중에서 소수를 찾아낸 것입니다.

에라토스테네스의 체에 걸러진 1부터 100까지의 소수

1	2	3	4	5	6	7	8	9	10
11	12	13	14	15	16	17	18	19	20
21	22	23	24	25	26	27	28	29	30
31	32	33	34	35	36	37	38	39	40
41	42	43	44	45	46	47	48	49	50
51	52	53	54	55	56	57	58	59	60
61	62	63	64	65	66	67	68	69	70
71	72	73	74	75	76	77	78	79	80
81	82	83	84	85	86	87	88	89	90
91	92	93	94	95	96	97	98	99	100

지구의 둘레를 처음으로 재다

에라토스테네스는 지구의 둘레를 최초로 측정한 사람으로 유명합니다. 그가 알렉산드리아 도서관에서 일할 때였습니다. 알렉산드리아의 남쪽에 있는 시에네 지방에서는 하지 때, 햇빛이 직접 우물 바닥을 비춘다는 것을 알고 이것을 이용해서 지구의 둘레를 계산했습니다. 그는 단지 기하학적 사실만을 이용해 측정했는

에라토스테네스가 그린 세계지도

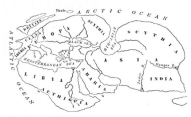

데 현대 과학자들이 알아낸 지구의 둘레인 40,074km와 비교했을 때, 상당히 정확한 값을 측정했습니다.

한편 그는 훌륭한 지리학자이기도 했습니다. 그가 쓴 책 중에서 ≪지리학≫ 3권에는 지도 작성에 관한 자료가 포함되어 있는데 지리상의 위치를 위도·경도로 표시한 것은 그가 처음이라고 알려져 있습니다.

에라토스테네스는 수학, 지리학, 철학, 천문학 등 여러 분야에 걸쳐 많은 연구를 했고 다양한 업적을 남겼습니다. 하지만 아쉽게도 그가 쓴 책들은 대부분 없어지고, 다른 책의 주석 _{단어나 문장의 뜻을 풀이한 것}으로 일부만 전해지고 있어 그의 뛰어난 업적을 모두 알기 어렵습니다.

젊은 시절 왕성한 활동을 한 것에 비해 에라토스테네스의 말년은 그리 행복

하지 못했습니다. 나이가 들면서 그의 눈이 점점 어두워졌고 결국 장님이 되어 앞을 볼 수 없게 되었습니다. 이런 자신의 환경을 비관한 그는 음식을 입에 대지 않았고 비참한 최후를 맞았습니다.

소수를 찾는 특별한 방법은 없을까?

에라토스테네스의 체가 발견되고 난 후에 2천 년 이상 소수를 찾는 방법에 대해 연구를 했지만 큰 성과를 거두지 못했습니다. 현재까지 자연수 중에서 소수를 찾는 가장 효율적인 방법은 '에라토스테네스의 체'를 이용하는 방법뿐입니다.

다음은 1부터 100까지의 자연수 중에서 에라토스테네스의 체에 의해 소수를 찾아내는 과정입니다.

1. 1부터 100까지의 수를 모두 적습니다.
2. 숫자 1은 소수가 아니므로 지웁니다.
3. 숫자 2는 소수이므로 그냥 두고 2의 배수를 모두 지웁니다. 그 숫자들은 2로 나누어지기 때문에 소수가 아닙니다.
4. 숫자 3은 소수이므로 3의 배수를 모두 지웁니다.
5. 숫자 5는 소수이므로 5의 배수는 모두 지웁니다.
6. 숫자 7은 소수이므로 7의 배수는 모두 지웁니다.
7. 숫자 11은 소수이므로 11의 배수는 모두 지웁니다.
8. 1에서 100까지의 모든 수들 중 지워지지 않고 남아 있는 수들이 소수들입니다. 이 수들은 모두 에라토스테네스의 방법(에라토스테네스의 체)을 통과하고 남은 것들입니다.

중학교 1학년 수학 / 자연수의 성질

이 단원에서는 소수를 찾는 방법인 에라토스테네스의 체에 대해 구체적으로 설명하고 있다. 에라토스테네스의 체는 수세기에 걸쳐 교과서에 빠짐없이 실릴 정도로 소수를 찾는 유일한 방법으로 남아 있다.

에라토스테네스와 같은 소수 찾기의 지존들

소수란 1과 그 수 자신으로만 나누어지는 자연수로, 이를테면 2, 3, 5, 7, 11 등과 같은 수를 말합니다. 그러면 무수히 많은 자연수 중에서 소수는 몇 개나 될까요? 또한 가장 큰 소수는 있을까요?

범위	0~10	0~100	0~1000	0~10000	0~100000	0~1000000
소수의 개수	4	25	168	1299	9592	78498
분포율(%)	40	25	16.8	12.3	9.6	7.8

위의 표와 같이 그 범위가 넓어지면 넓어질수록 소수의 분포율이 적어집니다. 소수의 이러한 불규칙적인 성질 때문에 소수에 대한 연구는 수세기 전부터 많은 학자들이 연구하고 있답니다.

고대 그리스 수학자 유클리드는 소수가 무한히 많다는 것을 증명했습니다. 그러나 사람들은 소수가 무한히 많으므로 제일 큰 소수가 존재할 수 없다는 것을 알면서도 더욱 큰 소수, 새로운 소수를 찾으려고 노력해 왔습니다.

프랑스의 성직자이자 수학자인 메르센은 자신의 이름을 딴 '메르센 소수'라는 것을 만들었습니다. 메르센 소수는 2의 거듭제곱에서 1을 뺀 수가 소수가 되는 경우를 말합니다. 첫 번째 메르센 소수는 $2^2-1=3$이고, 두 번째 메르센 소수는 $2^3-1=7$입니다. 2^4-

1=15는 소수가 아니기 때문에 세 번째 메르센 소수는 $2^5-1=31$이 됩니다. 1963년 미국 일리노이대학에서는 23번째 메르센 소수를 발견하였는데 이를 기념하기 위하여 '$2^{11213}-1$은 소수이다'라고 새긴 우편 스탬프를 찍기도 했습니다.

몇 년에 하나씩 발견되던 메르센 소수가 최근에는 매년 하나씩 발견되었는데 2003년에는 40번째, 2004년에는 41번째, 2005년 2월에는 42번째 메르센 소수가 발견되었습니다. 현재까지 알려진 가장 큰 소수인 42번째 메르센 소수는 $2^{25964951}-1$로, 그 값은 781만 6230자리나 된다고 합니다. 독일의 아마추어 수학자인 마르틴 노바크가 개인용 컴퓨터로 50여 일에 걸쳐 작업한 끝에 이 소수를 찾아내는 데 성공했습니다.

최근에 발견된 메르센 소수

Number	p	Year	Discoverer
1-4	2,3,5,7	pre-1500	
5	13	1461	Anonymous
6-7	17,19	1588	Cataldi
8	31	1750	Euler
9	61	1883	I.M. Pervushin
10	89	1911	Powers
11	107	1914	Powers
12	127	1876	Lucas
13-14	521,607	1952	Robinson
15-17	1279,2203,2281	1952	R. M. Robinson
18	3217	1957	Riesel
19-20	4253,4423	1961	Hurwitz & Selfridge
21-23	9689,9941,11213	1963	Gillies
24	19937	1971	Tuckerman
25	21701	1978	Noll & Nickel
26	23209	1979	Noll
27	44497	1979	Slowinski & Nelson
28	86243	1982	Slowinski
29	110503	1988	Colquitt & Welsh
30	132049	1983	Slowinski
31	216091	1985	Slowinski
32	756839	1992	Slowinski & Gage
33	859433	1994	Slowinski & Gage
34	1257787	1996	Slowinski & Gage
35	1398269	1996	Armengaud, Woltman, et. al.
36???	2976221	1996	Spence, Woltman, et. al.

수학자들은 왜 이렇게 큰 소수를 찾는 일에 관심을 쏟는 것일까요? 소수를 찾는 것 자체가 수학적 의미를 지니기도 하지만, 오늘날 소수는 암호학에서 중요한 역할을 하기 때문입니다. 암호를 만들 때 아주 큰 두 소수를 곱하여 수를 만들고, 그 수가 어떤 두 소수의 곱인지 알아야 그 암호를 풀 수 있습니다. 두 소수를 곱하는 것은 금방이지만, 주어진 수가 어떤 두 소수의 곱인지 알아내기 위해서는 슈퍼컴퓨터를 돌려도 아주 오랜 시간이 걸리기 때문에, 소수를 이용한 암호는 해독하기까지의 시간을 효과적으로 지연시킬 수 있는 역할을 합니다.

소수들 중에는 재미있는 형태로 되어 있는 것들도 있는데 (5,7), (11,13), (17,19), (29,31)처럼 연속하여 있는 소수를 쌍둥이 소수(또는 쌍자소수)라고 합니다. 100부터 200사이에 이와 같은 쌍둥이 소수는 (101,103), (107,109), (137,139),

(149,151), (179,181), (191,193), (197,199)가 있습니다.

참고로 북한에서는 소수를 씨수라고 부릅니다. 아마도 씨수에서 씨가 의미하는 것은 모든 자연수는 10=2×5, 12=2×2×3 과 같이 소수의 곱으로 낼 수 있기 때문에 소수를 자연수를 만드는 데 필요한 기본적인 수라는 생각에서 비롯된 듯합니다.

원추곡선을 만들어낸 아폴로니오스

고등학교 수학 I / 도형의 방정식
고등학교 수학 II / 이차곡선

아폴로니오스 (기원전 262년 ~ 기원전 190년)
아폴로니오스는 그리스 초기의 수학자로 행성들의 역행 운동을 기하학적인 방법으로 해석한 수학자예요. 행성의 역행 운동이란 행성들을 관찰하다보면 어느 날 행성들이 움직이는 방향을 바꾸어 거꾸로 진행하는 것처럼 보이는 현상을 말해요. 그는 행성들의 운동 궤도가 원뿔의 단면과 같다고 주장했어요.

수학의 전성기를 만든 아폴로니오스

아르키메데스, 유클리드와 함께 수학의 3대 거인으로 불리는 아폴로니오스는 수학사에 많은 영향을 준 인물입니다. 그는 기원전 262년경에 그리스 **이오니아**에서 태어났습니다. 고대 그리스의 수학은 유클리드, 아르키메데스와 더불어 아폴로니오스에 이르러 전성기를 이루었다고 할 수 있습니다.

이오니아

아폴로니오스는 젊은 시절 알렉산드리아로 유학을 가서 유클리드의 제자들과 함께 공부한 후, 알렉산드리아대학에서 교수로 활동했다고 알려져 있습니다. 또한 그는 이집트의 재정장관을 지내기도 했습니다.

≪원뿔곡선론≫으로 기하학을 발전시키다

아폴로니오스는 산술이나 통계학 등에 관하여 많은 책을 쓴 것으로 알려져 있습니다. 그러나 안타깝게도 그가 쓴 책들은 거의 대부분 없어지고, 단지 ≪원뿔곡선론≫만 오늘날까지 전해졌습니다. ≪원뿔곡선론≫은 그를 위대한 기하학자라 부르기에 손색이 없는 책입니다.

원뿔곡선이란 아래 그림과 같이 원뿔을 잘랐을 때, 생기는 단면이 그리는 곡선을 말하는데 타원, 포물선, 쌍곡선 등이 있습니다.

아폴로니오스는 ≪**원뿔곡선론**≫에서 처음으로 포물선, 타원, 쌍곡선 등의 용어를 도입했습니다. 이 책은 아폴로니오스가 그동안 많은 수학자들이 연구한 원뿔곡선과 관련된 내용을 정리하고 거기에 자신의 연구 결과인 원뿔 곡선의 여러 가지 성질들을 적어 놓은 것입니다.

원뿔곡선

《원뿔곡선론》은 모두 8권으로 되어 있는데, 1권에서 4권까지에서는 그때까지 알려진 원뿔 곡선의 여러 가지 기본 성질을 소개했습니다. 그리고 5권에서 7권까지는 그가 연구한 매우 독창적인 내용을 담고 있는데, 원뿔 곡선에 수직인 직선에 대해 설명하면서, 한 점에서 얼마나 많은 수직인 직선이 그려지는지를 보여줍니다. 8권은 없어져 버렸지만 다른 사람들의 책을 살펴보면, 아폴로니오스는 이 책에서 그동안 구했던 π의 값보다 더 정확한 값을 구해낸 것으로 알려져 있습니다.

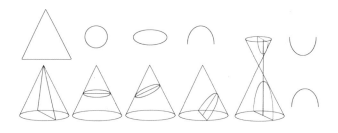

아폴로니오스가 쓴 또 다른 저서인 《불타는 거울에 관하여》에서 그는 구면인 거울로는 평행 광선을 하나의 초점으로 모을 수 없음을 증명해, 포물선 모양 거울의 초점에 대한 성질을 말했습니다.

아폴로니오스의 기하학 연구는 천문학에서 큰 두각을 나타냈습니다. 그는 수리 천문학의 중요한 이론을 주장했고 하늘을 가로지르는 행성들의 움직임을 자신의 기하학 연구를 바탕으로 설명하기도 했습니다.

또한 《원뿔곡선론》을 비롯한 기하학 연구는 케플러의 유명한 세 가지 행성들의 움직임을 파악하기 위한 중요한 요소로도 작용했습니다.

원뿔 곡선

원뿔 곡선은 원뿔이 평면과 만나서 만들어내는 아름다운 곡선을 뜻합니다. 평면이 원뿔의 어느 부분과 어떻게 만나는가에 따라 각기 다른 모양의 곡선이 만들어지는 것을 알 수 있습니다.

아폴로니오스는 하나의 직원뿔을 여러 가지 평면으로 잘라 이 평면이 밑면과 이루는 각이 모선과 밑면이 이루는 각보다 작은가, 같은가, 큰가에 따라서 서로 다른 방정식으로 나타냈습니다. 아폴로니오스는 이 과정에서 '모자라다 (ellipsis)', '일치하다 (parabole)', '남다 (hyperbol)' 라는 언어를 사용하였는데, 이것이 오늘날 우리가 사용하는 타원 (ellipse), 포물선 (parabole), 쌍곡선 (hyperbola)의 어원이 되었습니다.

고등학교 수학II / 이차곡선

이 단원에서는 타원, 포물선, 쌍곡선을 다음과 같이 정의한다.

(1) 포물선
한 평면 위에서 한 정점 F와 한 정직선 l에서의 거리가 같은 점들의 집합을 포물선이라 한다. 이 때, F를 초점, l을 준선이라 한다.

(2) 타원
한 평면 위에서 두 정점에서의 거리의 합이 일정한 점들의 집합을 타원이라고 한다. 이 때, 두 정점을 초점이라고 한다.

(3) 쌍곡선
한 평면 위에서 두 정점으로부터의 거리의 차가 일정한 점들의 집합을 쌍곡선이라고 한다. 이 때, 두 정점을 초점이라고 한다.

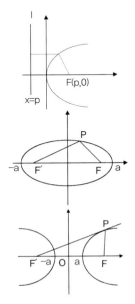

아폴로니오스의 원

아폴로니오스의 원은 아래 그림과 같이 두 점 사이의 비가 일정한 점의 자취입니다.

오른쪽 그림에서는 AP:BP=2:1 을 만족하는 점 P의 자취는 AB를 2:1로 내분하는 점과 외분하는 점을 지름의 양 끝점으로 하는 원이 됩니다.

즉, 두 정점 A와 B에 이르는 거리 의 비가 일정한 값 m:n을 갖는 점 P의 자취는 원이 되는데 이 원을 아폴로니오스의 원이라 합니다.

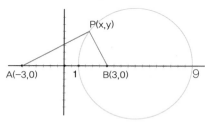

고등학교 수학 / 도형의 방정식

이 단원에서는 아폴로니오스 원에 관련된 문제들을 다루고 있다.
AP:BP=m:n (m≠n)인 점 P의 자취는 선분 AB를 m:n으로 내분하는 점과 외분하는 점을 지름의 양끝으로 하는 원(아폴로니오스의 원)이다. 아래 그림에서 선분 AB가 있고, AB를 2:1로 내분하는 점 P(빨간색)과 AB를 점 2:1로 외분하는 점 P(파란색)을 지름의 양끝으로 하는 빨간색 원을 아폴로니오스 원이라고 한다.

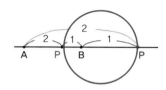

아르키메데스와의 경쟁

아르키메데스와 같은 시대를 살면서 유클리드와 더불어 수학의 3대 거인이라고 불렸던 아폴로니오스는 자신보다 25살이나 많은 아르키메데스를 학문적인 라이벌로 생각하였습니다. 그래서 항상 아르키메데스가 풀었던 유사한 문제들을 해결하려고 시도했습니다.

그는 아르키메데스가 원주율의 근사값을 구했다는 것을 알고 그는 더 정확한 근사값을 찾았습니다. 그래서 그 값이 $\frac{22}{7}$와 $\frac{223}{71}$ 사이에 있다는 것까지 밝혀냈습니다.

수학에서 맨처음 기호를 사용한 **디오판토스**

중학교 1학년 수학 / 방정식
중학교 1학년 수학 / 문자와 식

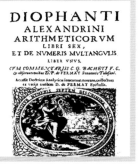

디오판토스 (200년경)
디오판토스는 대수학의 발전에 커다란 공헌을 한 수학자예요. 그래서 사람들은 그를 대수학의 아버지라고 부른답니다. 그는 정 방정식과 부정 방정식에 관련된 문제들의 해법을 연구해 많은 수학자들에게 영향을 끼쳤어요.

대수학을 발전시킨 디오판토스의 ≪산학≫

디오판토스의 ≪산학≫

디오판토스는 3세기 고대 그리스의 수학자입니다. 그는 대수학의 아버지로 불릴 만큼 대수학의 발전에서 대단히 중요한 역할을 했습니다. 그러나 명성에 비해 그의 일생에 대하여 알려진 것은 거의 없습니다.

디오판토스가 쓴 책으로는 ≪산학≫, ≪다각수에 관하여≫, ≪계론≫ 등이 전해지고 있는데 그중에서 ≪산학≫은 디오판토스의 가장 중요한 저서입니다. 이 책은 디오판토스를 누구나 인정할 만한 대수학의 아버지로 만들어 주었고, 아라비아어와 라틴어 등으로 번역되어 많은 수학자들에게 읽혀졌으며 중세 말기 유럽의 대수학 발전에 많은 도움을 주었습니다.

《산학》은 모두 13권으로 되어 있는데, 그 안에는 대수 방정식의 풀이법과 수의 여러 가지 성질들에 관한 내용이 담겨 있으며 현재 여섯 권만이 전해집니다. 이 책에서 다루는 대수 방정식은 대부분 1, 2차 방정식으로 130여 개의 다양한 정 방정식과 부정 방정식에 관련된 문제들이 해법과 함께 실려 있습니다.

제 I 권에서는 미지수 _{방정식에서 아직 값을 모르는 수}가 하나인 정 방정식에 관한 문제를 다루고, 나머지 책에서는 두 개 또는 세 개의 미지수를 갖는 2차 또는 고차의 부정 방정식에 관한 문제를 다룹니다. 그런데 놀라운 것은 일반적인 해법을 모든 문제에 적용시킨 것이 아니라 각 문제마다 디오판토스만의 독특한 방법으로 푼 것입니다. 하지만 그는 각 문제에서 단지 양의 유리수만을 답으로 인정했기 때문에 대부분의 경우에 하나의 답만 구했습니다.

기호를 통해 수학을 만나다

또한 디오판토스만의 중요한 업적 중 하나는 바로 기호를 쓰기 시작한 것입니다. 수식에서 기호의 사용은 수학 발전에 대단히 중요한 역할을 합니다. 디오판토스 이전까지는 모든 대수 방정식을 산문 형태로 썼는데 그는 자주 나오는 양

이나 연산에 관하여 다음과 같은 기호를 만들어 쓰기 시작했습니다.

디오판토스가 사용한 기호	현재 기호
ς	x
Δ^Υ	x^2 (dynamis)
K^Υ	x^3 (kybos)
$\Delta^\Upsilon\Delta$	x^4 (dynamodynamis)
ΔK^Υ	x^5 (dynamokybos)
$K^\Upsilon K$	x^6 (kybokybos)

또, 음수 지수 _{수나 문자 위에 붙어 거듭제곱을 나타내주는 숫자난 문자}는 기호 X를 사용하여 $x-1$의 경우 $ς^x$와 같이 나타내었고 마이너스 기호는 ⋀로, 상수항은 M̊를 사용했답니다.

따라서 이차식 x^2+2x-3을 디오판토스의 표기법으로 나타내면 $K^\Upsilon \alpha ς \beta ⋀ M̊ \gamma$로 나타낼 수 있습니다.

디오판토스가 쓴 수학 교과서

수학 기호의 사용

"어떤 수에 3을 더하면 5가 된다."라는 문제를 기호를 사용하면
"x+3=5"로 간단히 나타낼 수 있는 것처럼 수학에서 문자와 기호를 사용하는
것은 매우 중요합니다. 이처럼 수학을 간단한 문자와 기호로 사용하게 된 것은
디오판토스 덕분입니다. 디오판토스 이전까지는 모든 대수가 순수한 산문 형
태로 쓰였는데 그는 자주 나오는 양이나 연산에 관해 특정한 기호를 만들어 쓰
기 시작했습니다. 더불어 수학이 발전하면서 새로운 수학 기호
들이 만들어졌습니다.

수학 기호의 유래

* +, − : 1489년, 독일의 수학자 비트만이 쓴 산술책에 처음으로 사용되었다. 그
  러나 이 책에서 덧셈과 뺄셈 기호는 과잉과 부족이라는 뜻으로 쓰였고, 1514년
  네덜란드의 수학자 호이케에 의해 덧셈, 뺄셈의 기호로 쓰여졌다.

* × : 1631년, 영국의 수학자 오트레드가 성안드레 십자가 ×를 곱셈 기호로 처음 사용
  했다. 그러나 기호 ×는 미지수를 나타내는 문자 x와 유사하여 잘 사용되지
  않다가 19세기 후반에 이르러 널리 사용하게 되었다.

* ÷ : 1659년, 스위스의 수학자 란이 처음 사용했는데 10년이 지난 후 영국의 존
  펠이 보급하면서 널리 사용되었다.

* − 분수 : 12세기경, 분수에서 분자와 분모를 구별해 주는 '−'는 아랍의 문필가 알하사르가 처음 사
  용한 것으로 전해진다.

* = : 1557년, 영국의 수학자 레코드가 그의 책 ≪지혜의 숫돌≫에서 '서로 같음'을 나타내기 위하여
  사용하였던 기호로, 현재의 등호보다 길게 나타내었다. 레코드는 서로 평행인 두 직선에서 이 기호
  의 아이디어를 얻었다고 한다.

* x : 1637년, 프랑스의 수학자 데카르트가 처음 사용하였다. x를 사용한 이유에 대해서는 당시 프랑
  스 인쇄소에 x활자가 여분으로 많았기 때문이라는 주장과 중세 시대에 미지수를 나타내던 shei를

아랍어로 표기한 xei의 첫 글자이기 때문이라는 주장이 있다.

* √ : 1637년, 프랑스의 수학자 데카르트가 루돌프가 radix의 첫 글자에서 따온 제곱근 기호 √ 를 개량하여 처음 사용하였다.

중학교 1학년 수학 / 방정식, 문자와 식

500원 짜리 연필 x개와 300원 짜리 지우개 한 개의 값은 500x+300, 길이가 acm인 테이프를 4등분하였을 때, 한 조각의 길이는 a÷4로 나타낸다.
이와 같이 이 단원에서는 긴 문장을 문자로 간단하게 나타내는 방법을 설명한다.

묘비에 새겨진 수수께끼

디오판토스의 묘비에는 그의 명성에 걸맞게 자신의 생애를 다음과 같이 대수 방정식으로 표현한 수수께끼 문제가 새겨져 있다고 합니다.

"디오판토스는 그의 생애의 $\frac{1}{6}$ 을 소년으로 보냈고 $\frac{1}{12}$을 청년으로 보냈으며 그 뒤 $\frac{1}{7}$이 지나서 결혼했다. 결혼한 지 5년 뒤에 아들을 낳았고 그 아들은 아버지의 나이의 반을 살다 죽었고 아들이 죽은 지 4년이 지나 아버지가 죽었다."

"디오판토스는 몇 살까지 살았는가?"

사람들은 이 묘비의 내용으로 디오판토스가 약 200년경에 이집트의 알렉산드리아에서 태어나 활동을 하다가 284년경에 죽은 것으로 추정합니다.

디오판토스의 나이를 x라고 하면 $\frac{1}{6}$ 을 소년으로 보냈으므로 $\frac{1}{6}$ x, $\frac{1}{12}$을 청년으로 보냈으니까 $\frac{1}{12}$ x, $\frac{1}{7}$ 이 지나고 결혼 했으니까 $\frac{1}{7}$x, 결혼 후 아들을 5년 뒤에 낳았으니까 +5, 그리고 아들이 태어난 뒤에 아버지 절반을 살았으니까 $\frac{1}{2}$x, 그리고 아들이 죽은 뒤 4년이 지나 죽었으니까 +4, 이제 위에 쓴 것을 다 더하면,

$$\frac{1}{6}x + \frac{1}{12}x + \frac{1}{7}x + 5 + \frac{1}{2}x + 4 = x$$

이걸 풀면 x=84살, 결국 그는 84세까지 이 세상을 살다 갔습니다.

83

그밖의 수학자들(고대)

헤론(?-?)

헤론은 고대 그리스의 수학자예요. 그는 수학을 이론적으로 분석하고 연구하는 것보다 수학을 실생활에 어떻게 응용할 것인가에 더 큰 의미를 두었어요. 헤론은 응용수학에서 주목할 만한 업적을 남겼으며 수학을 이용해 독창적인 발명품들을 만들어냈지요. 그가 만든 것 중에는 최초의 증기기관인 '헤론의 공'이 있습니다. 또한 삼각형의 세 변의 길이를 이용해 넓이를 구하는 방법을 발견하였는데 이것을 '헤론의 공식'이라고 부릅니다. 이 공식은 교과서에 나와 있는데 삼각형의 세 변의 길이를 각각 a, b, c 라고 할 때 삼각형의 넓이는

$$\sqrt{s(s-a)(s-b)(s-c)}, \quad s=\frac{a+b+c}{2}$$ 이랍니다.

파포스(300년경)

파포스는 그리스의 수학자예요. 그는 고대 그리스의 기하학을 집대성한 학자로 알려져 있어요. 기하학, 천문학, 역학 등 많은 분야의 수학적 내용을 담은 《수학의 집대성》은 그가 340년경에 쓴 것으로 추정하고 있는데 고대 수학자들의 업적들을 정리해 수록하였고 또 새롭게 증명하여 일반화한 것으로 그리스 수학을 연구하는 기초 자료로 쓰이고 있답니다. 특히 파포스의 중선 정리는 기하학

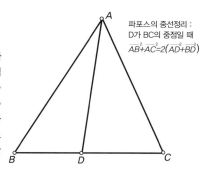

파포스의 중선정리 :
D가 BC의 중점일 때
$$\overline{AB}^2+\overline{AC}^2=2(\overline{AD}^2+\overline{BD}^2)$$

발전에 중요한 역할을 했어요. 파포스 정리란 '삼각형의 세 변의 길이를 알 때, 중선의 길이를 구할 수 있다.' 라는 것입니다.

조충지(429-500)

조충지는 중국 남북조 시대의 수학자이자 과학자예요. 그의 가장 뛰어난 업적 중 하나는 원주율의 값을 세계 최초로 소수점 아래 6자리까지 정확하게 계산해 낸 것이지요. 조충지가 구한 원주율은 3.1415926과 3.1415927 사이의 값으로, 그동안 원주율을 《구장산술》에서는 3으로, 아르키메데스가 3.14로 쓴 것에 비한다면 놀랄 만한 발견이랍니다. 이것은 159년 반 루멘이 소수점 아래 17자리를 구하기 전까지 1천 년 동안이나 깨지지 않았어요.

피보나치(1170?-1250?)

피보나치는 이탈리아 수학자로 피사의 레오나르도 다 빈치랍니다. 피보나치는 그의 별명인데 이 별명이 현

재 더 익숙하게 불리고 있는 이유는 '피보나치 수열' 때문이에요. 피보나치의 수열이란 앞의 두 수를 더해서 다음 수를 만들어가는 과정을 반복하여 만든 수열로서 1, 1, 2, 3, 5, 8, 13, 21, 34, 55, 89, 144 ...입니다. 이것은 그가 쓴 책인 《계산판에 관한 책》에 소개된 문제(한 쌍의 토끼가 매월 한 쌍의 토끼를 낳고, 태어난 한 쌍의 토끼가 다음 달부터 한 쌍의 토끼를 매월 낳기 시작한다면, 처음 한 쌍의 토끼로부터 1년간 합계 몇 쌍의 토끼가 태어날 것인가?)에서 시작된 것인데 이 수열은 꽃잎의 수, 솔방울의 나선구조 등 자연 곳곳에서 성립하기 때문에 많은 사람들이 흥미있게 연구하고 있어요.

교과서를 만든 중세 수학자들을
만나봅니다.

중세 수학자들

방정식 해법 찾기에 나선 **수학자들**

중학교 3학년 수학 / 2차 방정식
고등학교 수학 / 여러 가지 방정식

알콰리즈미, 타르탈리아, 카르다노
이집트의 파피루스, 바빌로니아의 점토판에도 방정식을 다룬 내용이 있을 정도
로, 인류가 방정식을 풀기 시작한 것은 상당히 오래 전부터예요. 현재 수학 교과
서에서 많은 부분을 차지할 정도로 방정식은 우리의 생활과 밀접하게 관련되어
있지요. 중학교 3학년에서 2차 방정식의 근을 구할 때 사용했던 너무나 유명한
근의 공식이 디오판토스, 알콰리즈미, 바스카라 등의 수학자에 의해 연구되어진
것이랍니다.

1차 방정식의 해법을 찾아낸 알콰리즈미

알콰리즈미는 9세기 무렵에 아라비아에서 활동했던 수학자입니다. 당시 아

라비아는 인도 대수학과 그리스 기하학을 받아들여 이것을 정

리하고 재구성하여 유럽에 전달하는 학문의 경유지였습니다.

또한 아라비아 수학자의 대부분은 천문학자였기 때문에 그들

이 연구한 수학은 주로 천문학에 필요한 산술이나 방정식 부

분에 집중되어 있었습니다.

알콰리즈미(780~850)

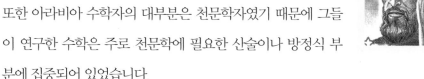

알콰리즈미는 인도 대수학의 영향을 많이 받았으며, 825년경 아라비아에서

최초의 대수학 책인 ≪**복원과 축소의 과학**(Al-gebr w' almuquabala)≫을 썼습니다.

이 책의 제목 중 앞부분인 Al gebr가 오늘날 대수를 나타내는 알제브라(al-

gebra)의 어원이 되었습니다.

88

al-jabr(알ㆍ제브라)는 방정식 음의 항을 다른 변으로 이항한다는 것이고, almuquabala는 양변의 동류항을 정리하여 방정식을 간단히 하는 것을 뜻합니다.

알콰리즈미는 이 책에서 이항과 동류항 정리에 관련된 내용과 함께 1차 방정식의 체계적인 풀이법을 소개했습니다.

그는 1차 방정식의 해를 구할 때 미지수를 포함한 항은 좌변으로 상수항은 우변으로 이항한 다음 동류항을 계산하여 해를 구하는 방법을 찾아내었는데 이것은 현재 우리가 중학교에서 1차 방정식을 풀 때 사용하는 것과 같은 것입니다.

이 책은 출간되자마자 라틴어로 번역되어 유럽 전역에서 읽혀졌으며 많은 수학자들에게 영향을 끼쳤습니다.

$4x+3=2x-5$	$2x$는 좌변으로 3은 우변으로 이항(Al gebr)한다.
$4x-2x=-5-3$	좌변과 우변을 각각 동류항 정리(al muquabala)를 한다.
$2x=-8$	
$x=-4$	

전해져 내려오는 이야기에 의하면 알콰리즈미는 죽으면서 아내에게 다음과 같은 유언을 남겼다고 합니다.

"만약 아들을 낳으면 유산의 $\frac{2}{3}$을 가지고 딸을 낳으면 유산의 $\frac{2}{5}$를 가져라."

그런데 알콰리즈미가 죽은 후 얼마 되지 않아 아내는 아들과 딸 쌍둥이를 낳았다고 합니다. 과연 그의 아내는 어느 정도의 유산을 받게 되었을까요?

2차 방정식의 해법을 찾아 나서다

2차 방정식의 기본적인 해법은 기원전 6세기경부터 고대 이집트인들과 바빌로니아인들이 발견했습니다. 알렉산드리아 시대의 디오판토스도 몇 가지 특수한 모양의 2차 방정식의 해법을 알고 있었다고 추측합니다. 또한 인도의 수학자 **브라마굽타**가 628년경에 쓴 수학 책에 원금과 이자 계산에 관한 방정식 문제가 실려 있는데 그 중 2차 방정식의 풀이법은 현재 우리가 사용하고 있는 근의 공식과 비슷한 것이었다고 합니다.

브라마굽타(598~670)
인도 수학자로 정수, 분수, 도형의 넓이 등을 연구한 산술과 부정 방정식을 다룬 ≪브라마시단타≫라는 책을 썼다. 천문학에 대한 책이지만 수학에 대한 내용도 함께 설명했다.

그러나 2차 방정식의 풀이 방법을 찾는 데는 알콰리즈미의 공이 컸습니다. 알콰리즈미의 저서인 ≪복원과 축소의 과학≫에는 현재 우리가 2차 방정식을 풀 때 사용하는 근의 공식이 소개되어 있습니다.

그는 2차 방정식을 다음과 같이 5가지로 분류했습니다.

1. $ax^2 = bx$
2. $ax^2 = c$
3. $ax^2 + bx = c$
4. $ax^2 + c = bx$
5. $ax^2 = bx + c$

알콰리즈미가 풀었던 1차 방정식 $x^2 + 10x = 24$의 풀이법을 현재 우리들이 쓰고 있는 용어와 기호로 나타내면 다음과 같습니다.

$x^2 + 10x + 25 = 24 + 25$

$(x+5)^2 = 49$

$x + 5 = 7$

따라서, x=2

위와 같은 방법으로 2차 방정식 $x^2+bx=c$를 풀면

$x^2 = \dfrac{-b+\sqrt{b^2+4c}}{2}$ 가 됨을 알 수 있습니다.

x^2	5x
5x	

$x^2+10x=24$

x^2	5x
5x	25

$x^2+10x+25=24+25$

$(x+5)^2=49$

$x+5=7$

$x=2$

그러나 디오판토스, 알콰리즈미 시대에는 아직 음수가 발견되지 않았으므로, 2차 방정식에서 음의 근은 아예 생각하지 않았답니다. 그래서 그는 주로 두 개의 양수 근을 가지는 2차 방정식만을 다루었고 또 두 양수 근 중에서도 작은 쪽만을 근으로 인정했습니다.

음의 근이 존재한다는 것은 오랜 세월이 지나 16세기가 되어서야 이탈리아의 수학자 카르다노가 밝혀냈습니다.

3차 방정식의 해와 두 수학자의 싸움

3차 방정식의 해를 구한 사람은 **타르탈리아**였습니다. 타르탈리아는 1499년 이탈리아에 있는 브레시아에서 태어났습니다. 타르탈리아의 이름은 원래 니콜로 폰타냐입니다. 그가 6살이 되던 해 프랑스가 브레시아를 침략하였습니다. 그때 프랑스 군인에게 심한 부상을 당한 후 말을 더듬는 버릇이 생겨 타르탈리아라는 별명을 얻게 되었는데, 별명이 이름처럼 굳어졌습니다.

타르탈리아(1499~1557)

타르탈리아는 어렸을 때 아버지를 잃고 집안 사정이 어려워 학교를 다닐 수 없었습니다. 그러나 수학에 뛰어난 재능을 보였던 어린 소년은 강한 집념으로 공부해, 다른 사람들보다 훨씬 많은 지식을 쌓을 수 있었습니다.

1535년경, 그는 1차항이 없는 3차 방정식 $x^3+px^2=0$을 푸는 해법을 찾아냈습니다. 또한 방정식의 해법에 대한 끊임없는 연구로 2차항이 없는 3차 방정식의 해법도 찾아냈습니다. 그러나 발표를 미루다 밀라노에서 수학을 가르치던 **카르다노**에게 그 업적을 빼앗기는 불운을 겪게 됩니다.

카르다노(1501~1576)

그가 찾아낸 3차 방정식의 해법은 푸는 과정이 복잡하고 어렵기 때문에 중·고등학교에서 다루지는 않고 있답니다.

타르탈리아가 찾아낸 3차 방정식의 해법을 자신이 발견한 것으로 발표한 수학자 카르다노는 이탈리아 유명한 귀족 집안에서 사생아로 태어났습니다.

출생 때부터 부모와 가족들에게 환영받지 못한 카르다노는 일생 동안 고통스러운 생활을 했습니다. 계속되는 불면증과 여러 가지 질병들, 그리고 출생에 대한 불만은 그의 성격을 괴팍하고 모나게 만들었습니다. 그런 성격 때문에 친구가 거의 없었고, 졸업 후 직업을 찾는 데에도 어려움을 겪었습니다. 그는 의사가 되기 위해 파두아대학을 우수한 성적으로 졸업했지만 고향인 밀라노에서조차 그가 서자 출신이라는 것과 이상 성격의 소유자란 이유로 병원을 개업할 수 없었습니다.

특별한 직장을 구하지 못한 카르다노는 생활이 점점 어려워지자 카드 게임이나, 주사위놀이, 체스 등 도박으로 생계를 꾸렸습니다. 그러나 다행스럽게도 뛰어난 수학 실력을 이용하여 확률 계산을 잘했던 그는 도박에 이기는 방법을 연구하게 되고 ≪운수놀이 승부에 관한 책≫을 출간했습니다. 이 책은 확률에 관한 최초의 책이라고 할 수 있습니다.

그는 1545년 대수학의 저서 ≪**위대한 술법**≫을 출간하면서 타르탈리아와의 약속을 깨고 타르탈리아가 발견한 3차 방정식의 해법을 마치 자기가 발견한 것처럼 무단 발표했습니다. 두 사람은 서로의 권리를 주장하며 크게 다투었고 결국 3차 방정식의 해법은 현재 카르다노의 해법으로 잘못 전해졌습니다.

카르다노의 일생은 성격만큼이나 파란만장했습니다. 예수의 생애에 대한 별점을 발표해 이단으로 감옥에 투옥되기도 했습니다. 반면에 그는 뛰어난 점성술로 교황청의 점성가가 되어 연금을 받기도 했습니다. 또한 그는 부적을 몸에 지니고 다니면서 점을 치기도 하고 환상을 보기도 했는데 자신의 죽음을 예언하며 그 날짜를 맞추기 위해 스스로 자살까지 했다는 설까지 있습니다.

카르다노의 ≪위대한 술법≫

그의 모난 성격에도 불구하고, 그는 당시 가장 재능있고 다양한 소질을 가진 사람 중 한 사람으로 인정받았습니다. 그는 수학, 물리학, 철학, 의학, 종교학, 음향학 등 다양한 분야에 걸쳐 무려 2백여 권이나 되는 책을 남겼습니다.

4차 방정식의 해법

3차 방정식의 일반적인 해법이 발견되자 많은 수학자들이 4차 방정식의 해를 구하는 것에 관심을 집중하기 시작했습니다. 그러던 중 카르다노의 제자인 페라리가 4차 방정식의 일반 해를 최초로 구했습니다.

페라리는 이탈리아 수학자로 가난한 집안에서 태어났습니다. 집안 형편이 어려워 특별한 교육을 받을 수 없었던 그는 열다섯 살 때 유명한 이탈리아의 수학자 카르다노의 심부름꾼으로 일했습니다.

페라리는 카르다노의 강의에 참석해 라틴어와 수학을 배웠고 카르다노에게 수학적인 재능을 인정받아 카르다노의 수제자가 되었습니다.

1540년 이탈리아 수학자 코이가 카르다노에게 4차 방정식 문제를 해결해 줄 것을 요청했습니다.

카르다노는 오랜 시간 동안 노력을 하였으나 이 문제를 풀지 못했습니다. 대신 페라리가 문제를 푸는 데 성공하여 1545년 카르다노가 출간한 ≪위대한 술법≫에 3차 방정식의 해법과 함께 4차 방정식의 해법이 실리게 되었습니다. 페라리는 4차 방정식을 3차 방정식으로 변형시켜 3차 방정식의 해법을 이용하여 풀었습니다.

5차 방정식 이상의 방정식의 해법

다시 4차 방정식의 해법이 발견되자 많은 수학자들의 관심은 5차 방정식의 해법을 찾는 데 관심이 모아졌습니다. 오일러는 4차 방정식의 해가 3차 방정식의 해법으로 구해진다는 것을 알고 5차 방정식도 3차 방정식으로 변형하여 풀 수 있을 것이라고 생각하고 연구하였지만 결국 실패하고 말았습니다. 그 뒤에도 라그랑주를 비롯하여 많은 수학자들이 5차 방정식의 해법을 구하기 위해 노력하였지만 모두 실패했습니다.

드디어 1824년 노르웨이의 천재 수학자 아벨이 5차 방정식 이상의 방정식은 일반적인 해를 구하는 방법이 없다는 것을 증명하면서 방정식의 해법을 찾기 위한 노력은 마무리되었습니다.

2차 방정식

알콰리즈미가 쓴 책 ≪al-gebr w'almuqubala≫에 1차, 2차 방정식의 해법이 실려 있습니다. 그러나 음수의 개념이 없었으므로 음의 근은 아예 존재하지 않는다고 생각했습니다. 그래서 2차 방정식의 근을 구할 때는 음의 근은 제외를 시켰습니다. 음의 근을 최초로 인정한 수학자는 카르다노였습니다.

중학교 3학년 수학 / 2차 방정식

이 단원에서는 2차 방정식 $ax^2+bx+c=0$의 근을 구하는 공식인 $x=\dfrac{-b\pm\sqrt{b^2-4ac}}{2a}$를 사용하여 2차 방정식을 푸는 방법을 설명하고 있다. 예를 들어, $x^2+5x+6=0$의 근은 $a=1$, $b=5$, $c=6$이므로,

$x=\dfrac{-5\pm\sqrt{5^2-4\times1\times6}}{2\times1}=\dfrac{-5\pm1}{2}$ 이므로 $x=-2$ 또는 $x=-3$ 이다.

3차 방정식

고대 이집트의 파피루스와 바빌로니아의 진흙 조각에서 발견된, 미지수를 구하라는 문제에서 알 수 있듯이 미지수를 설정하고 방정식을 만들어 그 미지수의 값을 구하려고 한 것은 매우 오래전부터 시작되었습니다. 간단한 3차 방정식의 해를 구하는 문제도 바빌로니아인들이 처음으로 시도했습니다.

파피루스
최초의 종이, 나무의 줄기를 엮어서 만들었다.

그러나 일반적인 3차 방정식의 해법은 오랜 기간 쉽게 발견되지 않았습니다. 수많은 수학자들의 노력으로, 드디어 볼로냐대학의 수학 교수인 페로가 처음으로 2차 항이 없는 3차 방정식 $x^3+mx=n$의 해법을 발견했습니다. 이것에 자극을 받은 타르탈리아는 1차항이 없는 3차 방정식 $x^3+px^2=n$의 해법을 찾아내었고, 이것은 일반적인 3차 방정식의 해법으로 발전했습니다.

고등학교 수학 / 여러 가지 방정식

이 단원에서는 3차 방정식과 4차 방정식의 뜻과 풀이 과정이 나온다. 그러나 3차 방정식과 4차 방정식의 해법을 이용하여 해를 구하는 것이 쉽지 않기 때문에 인수분해 공식이나 인수정리 등을 이용해 1차식 또는 2차식의 곱으로 변형시켜 해를 구할 수 있는 간단한 것만을 다룬다.

수학 경기

옛날에는 수학자들 사이에 서로 같은 수의 문제를 내고 상대방보다 많은 문제를 푸는 사람이 이기는 수학 경기가 종종 열렸습니다. 이 경기에서 이긴 사람은 명예를 얻고 여러 곳에서 초청되는 등 유명 인사가 됩니다. 그래서 수학자들은 경기에서 이기기 위해 자신이 발견한 수학 정리들을 발표하지 않고 비밀로 했다가 경기가 시작되면 그 문제를

상대방에게 내는 경우가 많았습니다.

당시 수학 경기 중 사람들의 입에 널리 오르내리게 된 유명한 경기가 있었는데 그것

은 볼로냐대학에 근무한 페로의 제자 피오르와 타르탈리아의 경기입니다.

1515년 볼로냐대학 수학 교수인 페로는 $x^3+mx=n$인 형태의 3차 방정식 해법을 발견하였으나 발표하지 않은 채 그의 제자 피오르에게만 말했습니다. 피오르는 타르탈리아가 $x^3+px^2=n$꼴의 3차 방정식을 풀었다는 소문을 듣고 괜히 그가 허풍을 떤 것이라고 생각하고 도전장을 냈습니다.

시합을 앞둔 타르탈리아는 이 시합이 자신의 이름을 알릴 수 있는 더할 수 없이 좋은 기회였기 때문에 꼭 이기고 싶었습니다. 그는 페로가 발견한 3차 방정식의 해를 구하기 위해 고심을 했고 시합이 열리기 직전에 2차항이 없는 3차 방정식의 해법을 찾아내게 되었습니다.

결국 타르탈리아는 모든 문제를 풀 수 있었고 피오르는 2차항이 없는 3차 방정식만 풀 수 있었습니다. 이로써 이 날의 시합은 타르탈리아의 완승으로 결말이 났습니다.

카르다노에게 속은 타르탈리아

3차 방정식의 해법을 찾기 위해 노력했던 수학자 중 한 사람인 카르다노는 우연히 타르탈리아와 피오르의 수학 경기에 대해 듣게 되고 타르탈리아가 3차 방정식의 해법을 찾아냈다는 사실을 알게 되었습니다.

그는 타르탈리아에게 몇 차례 편지를 보냈습니다. 카르다노는 타르탈리아에게 그가 발견한 3차 방정식의 해법을 알려줄 것을 간곡하게 부탁했으나 거절을 당했습니다. 카르다노는 포기하지 않았습니다. 편지로는 안 되겠다고 생각한 카르다노는 타르탈리아를 직접 만났습니다. 그리고 여러 가지 감언이설로 타르탈리아를 설득했습니다. 카르다노의 끈질긴 설득에 넘어간 타르탈리아는 카르다노에게 절대로 비밀을 보장하겠다는 각서를 받고 3차 방정식의 해법을 알려주었습니다.

얼마 후 카르다노는 그의 제자인 페라리와 함께 타르탈리아의 해법을 이용해 일반적인 3차 방정식의 해법을 찾는 데 성공하였고, 페라리의 노력으로 4차 방정식의 해법까지도 찾아내었습니다. 그러나 모든 것이 타르탈리아가 발견한 3차 방정식의 해법을 이용하여야 하기 때문에 발표를 못하고 미루고 있다가, 1545년 대수학 부분에서 가장 뛰어난 책이라고 할 수 있는 《Ars Magna》를 출간하면서 그 책에 자신이 발견한 것처럼 3차 방정식의 해법과 4차 방정식의 해법을 실었습니다.

이 사실을 알게 된 타르탈리아는 거세게 항의했으나 뛰어난 재능과 언변을 가진 페라리에게 결국은 지고 말았습니다. 타르탈리아는 베니스로 돌아가 카르다노에 대한 원망과 한숨 속에서 죽었다고 합니다.

여러 가지 방정식

1. 가장 오래된 방정식

'아하 문제'라고도 불리는 세계에서 가장 오래된 1차 방정식으로는 기원전 1700년 경의 고대 이집트의 수학 책인 ≪린드 파피루스≫에 다음과 같은 1차 방정식의 문제가 실려 있습니다.

"'아하'와 '아하'의 $\frac{1}{7}$을 더하면 19일 때, '아하'를 구하여라."

2. ≪구장산술≫에 나와 있는 방정식 문제

동양 최고(最古)의 수학서인 ≪구장산술≫은 진한 시대의 산술서를 계승하고 후한 시대가 되어서 비로소 본 모습을 갖추게 된 옛 산술서입니다.

≪구장산술≫은 관리에게 필요한 수학 지식을 집대성하여 정리한 것입니다. 관리들이 실무적인 일을 처리하면서 부딪히는 여러 문제들을 다룸과 동시에 산법(풀이방법) 자체의 내용도 풍부하게 담겨 있습니다.

여기서 ≪구장산술≫의 각 장을 소개하면 아래와 같습니다.

≪구장산술≫은 크게 방전(수록 문제는 모두 38문제), 속미(46문제), 쇠분(20문제), 소광(24문제), 상공(28문제), 균륜(28문제), 영부족(20문제), 방정(18문제), 구고(24문

제)등 모두 아홉 개 장, 246문제로 구성되어 있습니다.

네 변이 동서남북을 향한 정사각형의 성벽으로 둘러싸인 동네가 있다. 이 성벽 각 변의 중앙에 문이 있는데, 북문을 나서서 북쪽으로 20보를 가면 나무 한 그루가 있다. 그리고 남문을 나서서 남으로 14보를 나아간 곳으로부터 직각으로 구부러져서 서쪽으로 1,775보를 가면 비로소 이 나무가 보인다. 성벽의 길이는 얼마일까?

한 쪽의 성벽의 길이를 x라 하면,

$\frac{x}{2}$: 20 = 1775 : x+34

정리하면 $x^2 + 34x = 71000$

쌀과 보리가 일정한 비율로 섞여 있는 7개의 혼합 곡식 자루가 있다. 그 중 5자루에 11kg을 빼면 7자루에 들어 있는 보리의 무게가 된다. 혼합 곡식 한 자루에 들어 있는 보리의 무게는 얼마인가?

혼합 곡식 한 자루의 무게를 x,

보리의 무게를 y라고 하면

$5x - 11 = 7y$, $7x - 25 = 5y$

로 그 를 발 견 한 **네이피어**

고등학교 수학 / 로그

네이피어 (1550년 ~ 1617년)
지금은 컴퓨터나 계산기가 발달되어서 큰 수들을 곱하는 것이 어렵지
않아요. 그러나 옛날 사람들에게는 굉장히 힘들고 번거로운 일이었답니
다. 특히 천문학이 발달되면서 엄청나게 큰 수를 계산해야 할 일이 많이 생겼
고, 많은 사람들이 이 문제를 골칫거리로 생각했어요. 그런데 네이피어가 간
단하게 해결해 주었지요. 그가 발견한 로그는 천문학자들이 복잡한 숫자들을
계산해야 하는 수고를 덜어주게 되었답니다.

마법사 같은 수학자, 네이피어

네이피어는 17세기 영국의 수학자 중 한 사람입
니다. 그는 영국 에딘버러 근교에 있는 머쉬스톤 성에서
귀족 가문의 아들로 태어났습니다.

청교도 운동
청교도 주의는 16세기와 17세기에
로마 카톨릭교에 반대하며 더 발전
된 영국 교회의 개혁과 갱신을 추구
한 운동이다.

당시 영국은 **청교도 운동**이 활발하게 전개되고 있었는데 네이피어 역시 어
릴 적부터 엄한 청교도 교육을 받으며 자랐습니다. 13세가 되던 해, 네이피어는 신
학과 철학을 공부하기 위해 세인트앤드루스대학에 들어갔습니다. 그 후 오랜 기간
프랑스에서 공부한 것으로 알려져 있습니다.

네이피어는 신학과 수학뿐만 아니라 점성술에도 뛰어난 재능이 있었습니
다. 풍부한 상상력에 점성술까지 더해져서 사람들은 그의 특이한 행동을 보고 마
법사가 아닌가 하는 의심을 하기도 했답니다. 그는 이런 능력을 이용해 미래에 있

103

을 여러 가지 잔인한 전쟁 무기들에 대한 설계도와 그림을 그려 놓은 책을 저술해 사람들을 또 한번 놀라게 하기도 했습니다.

책에서 그는 앞으로 전쟁에서 사용될 무기들 중에는 4마일 반경 안의 1피트 크기 이상의 모든 생물을 없앨 수 있는 대포와 물속을 항해하는 기구, 모든 방향으로 총알이 발사될 수 있는 움직이는 총구를 가진 전차 등이 있을 것이라고 예언했습니다. 실제로 제 1차 세계 대전 중에 사용했던 탱크, 잠수함, 기관총은 네이피어가 생각했던 무기들이었습니다.

수학을 통해 마음의 안정을 얻다

그는 당시 청교도 혁명을 시작으로 빈번하게 일어나고 있었던 정치적, 종교적 논쟁에 적극적으로 참여했습니다. 그는 천주교에 대하여 강력하게 반대하는 입장을 보였습니다. 그래서 로마 교황과 창조주에 대한 격렬한 비난과 함께 이들이 세상을 멸망시킬 것이라는 내용의 책을 출간하기도 했습니다.

하지만 네이피어는 계속되는 정치적, 종교적인 논쟁 때문에 몸과 마음이 모두 지쳐 버렸습니다. 그는 영혼을 쉴 수 있는 또 다른 돌파구를 찾기 시작했습니다. 그것은 그가 항상 관심을 두며 좋아했던 수학과 천문학에 몰두하는 것이었습니다. 다행히 그는 수학을 연구하면서 즐거움을 찾았고 그 결과 수학사에 뛰어난 업적을 남겼답니다.

네이피어의 《경이적인 로그법칙의 기술》

LOGARITHMORVM
CANONIS DESCRIPTIO.
SEV
ARITHMETICARVM SVPPVTATIONVM
MIRABILIS ABBREVIATIO.

Apud Barth. Vincentium.

쉬운 계산을 위해 '로그'를 발명한 네이피어

네이피어의 가장 중요한 업적은 길고 복잡한 계산을 간단히 하기 위한 로그의 발명입니다. 그러나 처음에는 로그의 밑을 $e=2.71828$로 계산하여 실용적이지 못했습니다.

그러다 런던 그레샴대학의 기하학 교수인 **브리그스** 가 그 고민을 해결해 주었습니다. 브리그스는 직접 네이피어를 방문해, 로그를 발견한 네이피어에게 경의를 표했습니다. 더불어 네이피어에게 지금의 로그보다 밑을 10으로 하는 로그가 더 실용적임을 제안했습니다.

브리그스(1561~1630)
영국 수학자로 '로그'를 발견한 네이피어와 함께 '로그'를 연구했다.

그리하여 1616년 네이피어와 브리그스 두 사람은 밑을 10으로 하는 로그를 연구하기 시작했습니다. 그리고 마침내 1617년 밑을 10으로 하는 **로그표**를 만들었습니다. 그러나 네이피어는 이것을 발표하지 못하고 죽게 되었습니다.

그 후 브리그스는 런던으로 돌아오자마자 상용로그표를 만드는 데 전력을 다했습니다. 결국 1624년에 1부터 20,000까지와 90,000부터 100,000까지의 수의 14자리까지 나타낸 사용로그표를 포함한 《**로그산술**》을 출판하게 되었습니다. 오늘날 이것은 '브리그스의 로그' 혹은 '상용로그'라고 불립니다.

로그표

지금은 계산기나 컴퓨터가 발달해 로그표를 이용하여 계산하는 일이 드물지만 그 당시 네이피어의 로그 발명은 많은 사람들에게 대단한 호응을 얻었습니다. 특히 천문학이 발달하면서 계산은 복잡해졌습니다. 오늘날과 같은 계산기나 컴퓨터가 없었기 때문에 천문학자들에게는 일일이 직접 계산해야 하는 과정이 골칫거리였습니다. 그러나 로그의 발견으로 이 문제는 간단히 해결되었습니다. 그래서 라플라스는 "로그의 발명으로 천문학자들의 수명이 배로 연장되었다."며 좋아했다고 합니다.

브리그스의 《로그산술》

수학 계산이 쉬워지는 소수 표기법, 네이피어의 막대

또한 네이피어는 현재 우리가 사용하는 것과 거의 비슷한 소수의 표기법도 만들었습니다. 그는 1617년에 저술한 책에서 숫자에 소수점을 최초로 사용했습니다.

이전에는 소수 2.357을 나타낼 때 2⓪3①5②7③과 같이 $\frac{1}{10}$ 의 거듭제곱에 대응하는 표시를 숫자 바로 뒤나 위에 나타내서 소수 부분임을 알 수 있도록 했답니다. 지금 우리가 소수를 간편하게 쓸 수 있는 것은 모두 네이피어의 공이라 할 수 있습니다.

그의 또 다른 업적은 큰 수의 곱셈을 아주 쉬운 방법으로 계산할 수 있는 '네이피어의 막대' 또는 '네이피어의 뼈'라고 부르는 도구를 발명한 것입니다. 그는 1617년 출판한 《막대 계산》이라는 책에 이 발명품의 사용 방법을 다음과 같이 설명했습니다.

"아홉 개의 각 막대 자에는 1에서 9까지의 숫자들이 곱셈표가 그려져 있다. 첫 번째 막대 자에는 1, 2, 3, …, 9가, 두 번째 막대 자에는 2, 4, 6, …, 18이, 세 번째 막대 자에는 3, 6, 9, …, 27 등이 쓰여 있다.

예를 들면 237×6과 같은 두 수를 서로 곱하기 위해 2, 3, 7로 시작되는 세 막대자를 나란해 놓고 6×2, 6×3, 6×7의 곱셈은 이어지는 막대자의 여섯 번째 줄을 읽어 내면 된다. 그리고 이렇게 읽은 숫자들을 아래 그림과 같이 놓은 다음 더해 주면 된다."

네이피어의 막대
이것은 수를 기계적으로 곱하고, 나누고, 제곱을 구하는 데 이용되는 기구입니다.

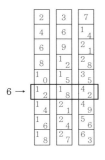

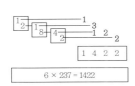

$6 \times 237 = 1422$

로그의 발견

천문학에 유별난 관심을 보였던 네이피어는 천문학에 쓰이는 계산법이 너무 어려워, 좀더 쉽고 간편한 방법을 연구하기 시작했습니다. 그는 곱셈이 덧셈보다 훨씬 까다롭고 힘든 작업이라는 것을 알았습니다. 그는 곱셈을 덧셈으로 바꾸는 것이 가능하다면 계산할 때 드는 노력과 시간을 줄일 수 있을 것이라 생각했습니다. 그렇게 해서 만들어진 것이 로그입니다.

그러나 네이피어가 로그를 이용한 계산법을 발견하기까지는 결코 쉽지 않았습니다. 그는 거의 20년 이상의 연구를 통해 로그를 개발했습니다. 네이피어와 브리그스의 노력으로 만들어진 로그가 복잡한 식의 계산을 얼마나 쉽고 간단하게 할 수 있는지, 아래 예를 보면 알 수 있습니다.

3.56×2.65를 계산할 경우 로그표에서 $10^x = 3.56$인 x의 값을 찾으면 0.5514이고 $10^y = 2.65$인 y값을 찾으면 0.4232입니다.

따라서 $3.56 \times 2.65 = 10^{0.5514} \times 10^{0.4232}$이므로 $10^{0.9746}$의 값을 로그표에서 찾으면 그 값은 9.434가 되는 것을 알 수 있습니다.

〈로그표〉

	$\cdots$	6	$\cdots$		$\cdots$	5	$\cdots$		$\cdots$	3	$\cdots$
$\cdots$		$\downarrow$	$\cdots$			$\downarrow$	$\cdots$			$\downarrow$	$\cdots$
3.5	$\rightarrow$	0.5514	$\cdots$	2.6	$\rightarrow$	0.4232	$\cdots$	9.4	$\rightarrow$	0.9746	$\cdots$
$\cdots$			$\cdots$		$\cdots$	$\cdots$	$\cdots$	$\cdots$	$\cdots$	$\cdots$	$\cdots$

고등학교 수학 / 로그

이 단원에서는 로그의 정의와 몇 가지 법칙에 대해 설명하는데 일반적으로 로그를 지수로 간주하고 로그의 법칙들을 지수의 법칙에서 얻는다.

즉 임의의 양수 n에 대하여 $n = a^x$가 되는 x가 반드시 존재하는데 이것을 $x = \log_a n$이라고 나타내고 이 때, x는 a를 밑으로 하는 n의 로그라고 한다.

도둑을 잡은 마법사

어느 날 네이피어는 집안의 하인들 중에 물건을 훔쳐가는 사람이 있다는 것을 알게 되었습니다. 그래서 그 범인을 잡기 위해 하인들을 모두 불러모아 놓고 다음과 같이 말을 했답니다.

"이 집에 누군가 도둑질을 하는 자가 있다. 여기 있는 수탉이 그 도둑을 알고 있다. 한 명씩 깜깜한 닭장에 들어가서 그 수탉의 등을 두드리고 나오도록 해라."

그의 탁월한 능력과 다양한 상상력으로 만들어낸 신기한 발명품들로 그동안 그를 마법사처럼 여겼던 하인들은 네이피어의 말을 믿었고 자신의 결백을 증명하기 위해 주인

이 시키는 대로 했습니다.

　네이피어는 닭장에 들어갔다가 나온 하인들을 다시 불러모아 놓고 손을 유심히 살핀 뒤 한 명의 하인을 지적하면서 "네가 범인이지."라고 말했답니다. 결국 그 하인은 그동안 자신이 저지른 잘못들을 모두 털어 놓았다고 합니다.

　그가 범인을 잡을 수 있었던 것은 미리 수탉의 등을 까맣게 칠해 놓았기 때문입니다. 닭장 안이 어두웠기 때문에 하인들은 그 사실을 몰랐고 죄가 없는 하인들은 자신 있게 들어가 수탉의 등을 두드리고 나왔지만 죄가 있는 하인은 두려움에 떨 수밖에 없었고 수탉의 등을 두드리지 못한 채 그냥 나왔습니다. 결국 다른 하인들은 손에 검은 것이 묻어났는데, 죄가 있는 하인은 깨끗한 손 그대로였던 것입니다.

좌표평면을 생각해낸 데카르트

중학교 1학년 수학 / 함수의 그래프
중학교 1학년 수학 / 문자와 식

데카르트 (1596년 ~ 1650년)
데카르트는 "수학적 증명만이 가장 과학적이고 엄밀하다."는 말을 남겼어요. 그는 현재 쓰고 있는 좌표 평면을 만들어 그 좌표계의 직선 위에 음수에 대한 개념을 구체화하여 양수와 음수, 0을 나타냄으로써 기하학의 새로운 길을 열었답니다.

생각하는 수학자, 데카르트

데카르트는 1596년 프랑스 투르 근교에서 태어났습니다. 당시 유럽은 잦은 전쟁과 약탈 등으로 종교적, 정치적으로 혼란스러운 상태였으며, 데카르트는 태어난 지 1년도 안 되어, 어머니를 잃는 슬픔까지 겪어야 했습니다. 자식들에게 애정이 많았던 아버지는 아이들이 어머니의 빈자리를 느끼지 않도록 세심한 관심과 끊임없는 사랑으로 보살폈습니다.

어렸을 때부터 몸이 약하고 병치레를 많이 한 데카르트는 학교에 갈 수도 없었습니다. 그러나 그가 학교에 가기를 간절히 원했기 때문에 아버지는 하는 수 없이 유태인이 관리하던 라 플레슈 학교에 아들을 입학시켰습니다.

데카르트는 라 플레슈에서 8년 동안 논리학, 물리학, 유클리드 기하학, 대수학 등을 공부했습니다. 그러나 선천적으로 몸이 약했기에 학교에서 수업을 받는

111

것이 쉬운 일은 아니었습니다. 다행히 그의 힘겨운 상황을 이해하고, 뛰어난 재능을 아끼던 교장 선생님은 그에게 힘이 들 때면 언제든지 아침 늦게까지 침대에 누워 있어도 되게끔 특별히 배려해 주었습니다. 덕분에 데카르트는 침대에서 조용히 명상을 즐길 수 있었고, 이 시간은 철학과 수학에서 창조적인 사고를 할 수 있는 좋은 기회가 되었습니다.

데카르트는 수학을 공부하면서 수학의 명확한 논리 전개 방식에 큰 매력을 느꼈습니다. 그에 반해 지금까지 공부한 철학이나 도덕의 논리는 객관적이지 않은 단순한 말장난에 지나지 않는다고 생각했습니다. 그는 무엇이든 확실한 진리를 얻기 위해서는 수학처럼 누구나 인정할 수 있는 논리적인 사고가 필요하고 그것이 학문의 가치를 높일 수 있다고 생각하게 되었습니다. 그러면서 더욱더 수학의 세계에 빠져 들었습니다.

꿈이 알려준 빛나는 수학 아이디어

데카르트는 더 깊이 있는 공부를 하기 위해 파리로 갔습니다. 그러나 그 곳에서 친구들의 퇴폐적인 귀족 생활에 자기도 모르게 젖어 들었습니다. 그러한 생활에 회의를 느낀 그는 상황을 탈피하기 위해 군대에 자원했습니다. 군대에 있으면서 시간의 여유를 가질 수 있었고 마음의 평안을 다시 찾았습니다.

1619년, 데카르트가 근무했던 군대는 겨울 동안 휴식 기간을 갖기 위해 다뉴브 강 기슭에서 주둔하고 있었습니다. 그때 데카르트는 자신의 운명을 바꿀 만한 특별한 꿈을 세 가지 꾸었습니다. 그 꿈이 무엇인지 정확히 알려져 있지는 않지만 그 뒤에 알려진 데카르트의 업적들을 미루어 볼 때, 많은 사람들은 그 꿈이 데카르트에게 대수학과 기하학을 연결시킨 해석 기하학을 만드는 데 결정적인 아이디어를 제공했다고 생각했습니다.

데카르트가 창안한 해석 기하학은 유클리드 기하학과는 차원이 다른 새로운 기하학이었습니다. 데카르트는 유클리드 기하학이 논리 정연하고 한 치의 빈틈도 없는 것은 사실이지만, 문제를 해결하는 방법이 수학적이라고 하기에는 논리의 비약이 심하다는 결점을 알았습니다. 그래서 그는 대수학 쪽으로 눈을 돌렸습니다.

그는 수학을 기하 또는 대수라는 각각의 영역으로 분리하지 않고, 통일적인 입장에서 관찰하고 연구하는 근대적인 수학관을 제시했습니다. 기하 문제에서 시작해 그것을 대수 방정식 문제로 바꾸고, 그 방정식을 간단히 한 뒤 다시 기하학적으로 해결하려는 것이 그의 '기하학'에 대한 기본적인 생각이었습니다.

다시 말해서, 직선이나 곡선을 식으로 나타내거나, 또는 식을 직선이나 곡선으로 표현할 수 있도록 한 것이 바로 데카르트의 업적입니다. 기하학과 대수학을 하나로 묶고 통합적인 해석을 한 그의 해석 기하학은 정말로 천재적이라 할 수 있습니다.

미적분의 기초가 된 해석 기하학

1637년에 출간된 그의 저서 ≪방법 서설≫의 세 번째 부록인 〈기하학〉에서 해석 기하학의 업적을 자세히 살펴볼 수 있습니다. 모든 과학을 수학으로 환원시켜 생각하

방법서설
데카르트의 대표작으로 원래 제목은 ≪이성을 올바르게 이끌어, 여러 가지 학문의 진리를 구하기 위한 방법의 서설≫이다.

는 근대 과학 정신의 기틀을 닦은 사람이 바로 데카르트입니다. 이런 사고를 통해 만들어진 해석 기하학은 미적분학을 발전시켰고, 천문학처럼 다른 분야에서도 응용해 계산할 수 있도록 영향력을 행사하게 했습니다.

크리스티나 여왕(1626~1689)
스웨덴의 여왕. 학문과 예술을 좋아해 유명한 문화인들과 가까이 지냈다. 데카르트를 궁으로 초빙한 이야기가 유명하다.

1648년 데카르트는 스웨덴의 **크리스티나 여왕**에게 초청을 받아 여왕의 개인 교수로 일했습니다. 여왕이 새벽에 일어나 공부하는 것을 좋아했기 때문에 데카르트는 새벽마다 일찍 일어나서 강의를 해야 했습니다. 또 오후에는 스웨덴 왕립 아카데미에서 일을 하는 등 무리하게 일했습니다. 이 때문에 데카르트의 건강은 급속하게 나빠졌고, 결국 폐렴에 걸려 1650년 세상을 떠나고 말았습니다.

데카르트의 좌표평면

평면 위의 점을 좌표라고 부르는 한 쌍의 수로 나타낼 수 있습니다. 이 점들이 움직일 때 생기는 곡선 위의 모든 점은 방정식 f(x, y)=0으로 나타냅니다. 이렇게 점을 좌표로 나타내고, 도형을 식으로 나타내는 것을 해석 기하학이라고 하는데, 해석 기하학을 처음으로 수학에 도입한 것은 데카르트입니다. 또한 그는 좌표에서 음수에 대한 개념을 구체화하고, 음수를 좌표에 나타냄으로써 기하학을 한층 발전시켰습니다.

오른쪽 그림과 같이 현재 우리가 쓰고 있는 좌표계는 데카르트가 22세에 생각한 것입니다. 그는 직선 위에 눈금을 긋고 양수를 0보다 오른쪽에 있는 점으로, 음수를 0보다 왼쪽에 있는 점으로 나타냈습니다. 세로로 그어진 선에는 양수를 0보다 위쪽에 있는 점으로, 음수를 0보다 아래쪽에 있는 점으로 나타냈습니다.

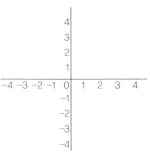

중학교 1학년 수학 / 함수의 그래프

이 단원에서는 임의의 점에 대한 좌표와 좌표평면에 대하여 다음과 같이 설명한다.

점 P에서 x축, y축에 수직으로 직선을 그어 만나는 점이 각각 a, b일 때 순서쌍 (a, b)를 점 P의 좌표라고 하며, 기호로 P(a, b)와 같이 나타낸다. 이때 a를 점 P의 x좌표, b를 점 P의 y좌표라고 한다. 또 좌표축이 정해져 있어서 점의 위치를 좌표로 나타낼 수 있는 평면을 좌표평면이라고 한다.

미지수를 기호로 나타낸 데카르트

데카르트가 지수를 나타내는 기호인 a^x을 처음으로 사용했습니다. 그리스인들은 a는 선분의 길이를 나타내고, a^2은 a를 한 변으로 하는 정사각형의 넓이, ab는 가로의 길이가 a, 세로의 길이가 b인 직사각형의 넓이로 생각했습니다.

그런데 데카르트는 a, b 등은 선분의 길이가 아니라 수를 나타내는 미지수라고 재해석했습니다. ≪방법서설≫의 부록인 〈기하학〉에 a^2, a^3 등의 지수 체계에 대한 내용을 실었는데 이것은 현재에도 사용하고 있습니다. 또한 미지수를 x, y, z 등의 기호로 나타낸 것도 데카르트가 처음이었습니다.

중학교 1학년 수학 / 문자와 식

이 단원에서는 같은 수나 문자를 반복해 곱하는 경우, 지수를 사용하여 거듭제곱으로 나타내는 방법을 설명한다.

$$x \times x \times x = x^2 \qquad a \times a \times a = a^3$$

중학교 2학년 수학 / 단항식의 계산

이 단원에서는 1학년 과정에서 배운 같은 수나 문자를 반복하여 나타내는 경우, 지수를 사용했던 것을 확장하여 간단한 지수법칙에 대하여 설명한다.

$$a^m \times a^n = a^{m+n}, \quad (a^m)^n = a^{m \times n}, \quad a^m \div a^n = a^{m-n}$$

파리의 위치를 추적하다

데카르트가 좌표 평면을 발견한 것은 군대에 있을 때였습니다. 어느 날 평소와 마찬가지로 습관처럼 침대에 누워 명상을 했습니다. 그런데 우연히 천장을 쳐다보다가 파리한 마리를 발견했습니다. 그는 천장에 붙어 있는 파리를 보고 파리의 위치를 나타내는 논리적인 방법이 없을까 하는 고민을 했습니다. 그러다가 '좌표'의 개념을 떠올리게 되었습니다.

그런데 천장에 붙어 있는 파리는 고정되어 있는 것이 아니라 계속해서 천장을 움직이고 있었습니다. 결국 파리가 움직이면 x의 값이 변하면서 y의 값이 따라서 변합니다. 만약 파리가 x축, y축이 만든 직각의 이등분선을 그리면서 움직인다면 이 직선은 'y=x'라는 식으로 간단히 나타낼 수가 있는 것입니다. 직선뿐만 아니라 원, 타원, 쌍곡선과 같은 기하학적 도형도 모두 식으로 나타낼 수 있습니다.

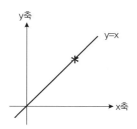

페르마의 마지막 정리로 수학자들을 골탕먹인 **페르마**

고등학교 수학 / 미적분학

페르마 (1601년 ~ 1665년)
1993년 매스컴을 떠들썩하게 했던 사건은 프리스턴 대학의 앤드류 와일즈 교수가 페르마의 마지막 정리를 증명한 것입니다. 페르마가 발견한 페르마의 정리는 300년 이상 수학자들에게 중요한 관심사였답니다. 17세기 최고의 수학자인 페르마는 정수론의 아버지라고 불릴 만큼 정수론의 연구에 위대한 업적을 남긴 수학자랍니다.

수학을 연구하는 것이 즐거운 변호사 페르마

페르마는 프랑스 보몽의 부유한 가정에서 태어났습니다. 그의 아버지는 보몽 지방의 집정관이자 피혁 장수였습니다.

1631년 페르마는 대학에서 법률학 학위를 받고 변호사로 일하다가 1648년 30세가 되던 해 **툴루즈** 지방의 칙선위원으로 당선되어 나랏일을 하며 일생 동안 특별한 어려움 없이 평화로운 인생을 살았습니다.

그는 수학을 체계적으로 공부한 전문적인 수학자는 아니었습니다. 그에게 수학은 시간이 날 때마다 틈틈이 공부하는 학문이었습니다. 취미로 여긴 학문에서 이름을 남길 정

툴루즈의 전경(현재)
페르마가 맡은 칙선위원은 군인과는 다르게 직권남용을 피하도록 하기 위해 시민에게서 떨어져 불필요한 사회활동을 단절하도록 요구받았다. 따라서 이 일은 페르마가 충분한 시간을 활용하여 지적 활동을 할 수 있도록 도왔다.

도이니 그의 능력이 얼마나 대단했는지 미루어 짐작할 수 있을 것입니다. 그는 전문적으로 수학을 연구하는 수학자 못지않게 수학사에 길이 남을 큰 업적을 세웠습니다. 페르마는 데카르트와 함께 해석 기하와 미적분 분야의 개척자로 알려졌고, 파스칼과 함께 확률론의 창시자로 인정받습니다. 특히 정수론 분야에서는 '현대 정수론의 아버지'로 불릴 만큼 위대한 업적을 남긴 17세기 최고의 수학자 중 한 사람입니다.

미스터리가 된 '페르마의 마지막 정리'

페르마는 디오판토스가 쓴 ≪산술≫이라는 수학책을 무척 좋아했는데 틈만 나면 그 책에 있는 미해결 문제들을 푸는 데 시간을 보냈고 그와 유사한 또 다른 문제들을 제시하기도 했습니다.

하지만 무엇보다도 페르마를 유명하게 만든 것은 '페르마의 정리'입니다. 19세기 초, 오일러, 라그랑주, 가우스 등의 수학자들은 페르마가 제기한 수많은 새로운 의문들을 모두 해결했습니다. 그러나 몇 세기에 걸쳐 해결하지 못한 문제가 하나가 있었는데 그것이 바로 '페르마의 마지막 정리'입니다.

'페르마의 마지막 정리'는 "$x^n+y^n=z^n$의 관계식에서, n이 3 이상일 경우에는 이 식을 만족하는 x, y, z의 세 자연수는 존재하지 않는다."는 것입니다. n=2인 경우 $x^2+y^2=z^2$을 만족하는 x, y, z의 세 자연수 쌍은 매우 많습니다. 이른바 '피타고라스의 수'로 알려진 이 자연수들은 (3,4,5), (5,12,13) … 입니다. 그러나 n이 3 이상이 되면 주어진 관계식을 만족하는 자연수 쌍이 하나도 없다는 것입니다.

페르마가 죽은 후 이 정리가 세상에 알려지고 300년 이상의 세월이 지났지만 누구도 증명해내지 못했습니다. 세계적으로 유명한 수학자들이 페르마의 정리를 증명하려고 애썼으나 결국은 해결하지 못한 '수학사의 미스터리 문제'로 남게되었습니다. 그러나 이 정리를 증명하려 애쓰는 과정에서 여러 가지 중요한 수학적 발견들이 이루어졌고, 이 때문에 수학이 상당히 발전할 수 있었습니다.

메모와 편지 속에서 발견한 페르마의 수학 이론

페르마의 또 다른 업적은 미적분학 발전에 기여한 것입니다. 그는 주어진 연속곡선 위, 임의의 한 점에서 그 곡선에 접하는 직선을 긋는 방법을 통해서 미분의 개념에 접근했습니다. 즉, 곡선 위에 임의의 한 점 P를 정하고 그 곡선 위에 다른 점 Q를 정한 다음 두 점을 잇는 직선을 그립니다. 그런 다음 점 Q를 점 P에 가깝게 접근시키면서 계속 점 P와 점 Q를 연결하는 직선을 그리다보면 결국 점 P와 점 Q는 일치하게 되고 점 P에서의 접선이 그려진다는 것입니다. 이것은 미적분학의 창시자인 뉴턴과 라이프니츠에게 영향을 주었습니다.

또한 페르마는 앞에서 언급한 기울기를 통해 미분학에서 극대극소의 문제를 연구한 후, 이를 광학에 응용해 **페르마의 원리**(최단 시간의 원리)를 발견했습니다.

페르마의 원리
빛이 반사, 굴절 등으로 진행할 경우, 최단 시간이 되는 경로로 진행한다는 원리.

이러한 발견 후에도, 페르마는 자신의 명성을 높이는 일보다도 조용히 새로운 정리를 증명하는 등 수학을 연구하는 자체에 즐거움을 느꼈습니다. 그래서 발견한 결과를 발표하기보다는 그 내용을 읽던 책에 메모하거

120

나, 친구들에게 보내는 편지 여백에 낙서하는 형식으로 내용을 남겼습니다.

　　당시 페르마는 데카르트, 메르센 등 몇 명의 수학자와 편지를 주고받으면서

자신이 새롭게 발견한 수학 정리를 적어 놓고는 아무런 증명도 없이, '저는 이 정리를 증명했는데 당신도 한번 이 정리를 증명해 보시겠어요?'라고 적어 놓았습니다. 페르마의 이런 행동 때문에 많은 수학자들이 골탕을 먹었습니다.

　　페르마는 수학의 여러 분야에 걸쳐서 중요한 업적들을 많이 남겼으나 사람들에게 제대로 알려지지 못했습니다. 1670년에 페르마가 죽은 후, 그의 아들은 아버지가 들고 다니던 디오판토스가 쓴 ≪산술≫의 여백에 쓴 내용들을 원문에 추가하여 ≪Diophantus≫라는 제목의 첫 번째 유고집을 출판했습니다. 1679년에는 다른 수학자들에게 보낸 편지에 기록된 내용들을 모아서 ≪Varia Opera Mathematica≫라는 제목의 두 번째 유고집을 출판했습니다. 이렇게 해서 우리는 페르마라는 수학자를 만날 수 있게 되었습니다.

미분학의 선구자 페르마

페르마는 미분학 발견에 많은 영향을 끼쳤습니다. 그는 1628년부터 극대점과 극소점 구하는 방법을 찾아냈는데, 이 사실은 10년 후 페르마가 메르센을 통해 데카르트에게 보낸 편지가 공개되면서 알려졌습니다.

함수 $f(x)$의 극대점과 극소점에서의 접선은 모두 x축에 평행하므로 접선의 기울기는 0이 됩니다. 만일 주어진 함수 $f(x)$의 극대값과 극소값을 구하려면 일반적인 점에서의 기울기를 구하고 그 기울기를 나타내는 식을 0이라고 하면 점 x에서의 극값을 얻을 수 있습니다. 이것이 페르마가 발명한 극대점과 극소점을 구하는 방법입니다. 이 때문에 페르마를 미적분학의 선구자라 부른답니다.

고등학교 수학 / 미적분학

함수 $f(x)$의 $x=x_0$ 에서의 값 $f(x_0)$이 그것에 충분히 가까운 모든 점에서의 $f(x)$의 값보다 클 때 $f(x_0)$는 극대, 작을 때 $f(x_0)$는 극소이다. 이때의 $f(x_0)$의 값을 극대값(극소값)이라 한다. x가 증가하면서 x_0을 지날 때 $f(x)$가 증가에서 감소로 변하면 $f(x_0)$은 극대이고, $f(x)$가 감소에서 증가로 변하면 $f(x_0)$은 극소이다.

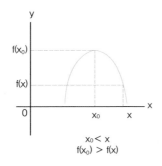

$x_0 < x$
$f(x_0) > f(x)$

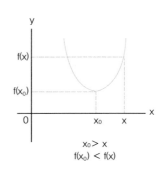

$x_0 > x$
$f(x_0) < f(x)$

영원한 수수께끼 '페르마의 정리'에 도전한 수학자들

페르마는 자기가 가장 좋아하는 책인 디오판토스의 ≪산술≫의 제 2권 8번 문제 옆 여백에 "하나의 세제곱수를 두 개의 세제곱수의 합으로, 하나의 네제곱수를 두 개의 네 제곱수의 합으로, 또는 일반적으로 n이 3이상일 때, 하나의 n제곱수를 두 개의 n제곱 수의 합으로 나타내는 것은 불가능하다. 나는 이 정리를 증명하였지만 여백이 부족하여 적을 수 없다."라고 적어 놓았습니다. 이것이 페르마의 마지막 정리이고 1630년경에 썼다고 알려져 있습니다.

많은 수학자들이 이것을 증명하려고 노력했으나 모두 실패했습니다. 사람들은 정말 로 페르마가 이 정리를 증명했는지에 대해 의심을 품기도 했습니다. 일반적인 경우는 증 명하지 못했지만 오일러가 n=3인 경우에 해가 없음을 증명했고 페르마가 다른 곳에서 n=4인 경우, 1852년 르장드르와 디리클레가 n=5인 경우, 1839년 라메가 n=7인 경우 해가 없음을 증명했습니다. 이렇게 페르마의 마지 막 정리를 증명하고자 하는 수학자들의 노력으로 수학이 지금처럼 발전할 수 있었습니다.

앤드류 와일즈

그러나 오랜 세월이 지나도 '페르마의 마지막 정리' 를 증명하지 못하자 1908년 독일의 수학자 볼프스켈은

2007년까지 완벽한 증명을 최초로 하는 사람에게 10만 마르크를 주겠다며 괴팅겐 과학재단에 유언을 통해서 기탁을 했습니다. 이에 자극을 받은 사람들은 상금을 타기 위해 또는 자신의 명예를 높이기 위해 연구에 매달렸으나 모두 증명에 실패했습니다.

많은 수학자들이 해결하지 못했던 이 문제를 1994년 영국 출신의 수학자 앤드류 와일즈가 300년 만에 해결했습니다. 프린스턴대학의 와일즈 교수는 동료인 테일러 교수와 함께 '페르마의 마지막 정리'를 증명하는 데 성공해, 1997년 볼프스켈 상을 수상하면서 수학사의 새로운 장을 열었습니다.

와일즈는 최후로 '페르마의 정리'를 칠판에 적고는 청중들을 향해 조용히 입을 열어 이렇게 말했다고 합니다. "이쯤에서 끝내는 게 좋겠습니다."

삼각형 내각의 합을 밝힌 파스칼

중학교 수학 | / 도형의 측정
고등학교 수학 | / 이항정리

파스칼 (1623년 ~ 1662년)
프랑스의 천재적인 수학자이며 철학자인 파스칼은 자연수를 삼각형 모양으로 늘어 놓고 그 안에서 여러 가지 수의 성질들을 발견해 내었어요. 그래서 이것을 '파스칼의 삼각형' 이라고 부른답니다. '파스칼의 삼각형' 은 확률과 이항 정리 등 수학의 여러 분야에서 이용하고 있어요.

호기심 많은 꼬마 수학자 파스칼

파스칼은 1623년 프랑스의 오베르뉴 지방에서 태어났습니다. 그가 3살이 되던 해, 어머니가 세상을 떠나자, 아버지는 아이들을 데리고 파리로 이사했습니다. 어학과 수학, 과학에 관심이 많았던 그의 아버지는 자녀들의 교육에도 대단한 열정을 보였습니다.

아버지는 몸이 약한 파스칼을 위해 특별히 가정교사를 두었습니다. 그러나 어린 아들에게 너무 일찍부터 수학을 시키는 것은 좋은 방법이 아니라고 생각해 수학과 관련된 과목은 가르치지 못하게 했습니다. 이런 환경은 수학 능력이 뛰어난 파스칼에게 오히려 수학에 대한 더 큰 호기심을 자극하는 계기가 되었습니다.

파스칼은 수시로 가정교사에게 기하학에 대한 여러 가지 성질들에 대해 질문했고 노는 시간을 쪼개어 땅에 도형을 그려가며 틈틈이 그 성질에 대해 탐구했

습니다. 어린 소년의 수학에 대한 특별한 관심과 노력은 누구의 도움도 받지 않고 스스로 "삼각형의 내각의 합은 평각 _{한 점을 사이에 두고 일직선을 이루는 각, 즉 180°} 과 같다."는 사실을 발견하게 했습니다.

　　아버지는 파스칼이 열두 살이라는 어린 나이에 이미 기하학에서 뛰어난 재주를 보이자, 그 후로는 그의 수학적 재능을 인정하고 격려해 주었습니다. 그리고 그에게 본격적으로 수학 공부를 시켰습니다. 그는 유클리드 《원론》을 비롯한 많은 수학 서적들을 정신없이 읽었으며 그 속에 포함된 수학적인 원리들을 터득해 나갔습니다.

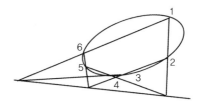

　　파스칼은 이미 14세가 되던 해에 프랑스 수학자들이 일주일에 한 번씩 모여 수학에 관해 토론하는 모임(이 모임은 점차 발전하여 1666년 프랑스 과학 아카데미가 되었습니다.)에 참여했고, 16세 때에는 그 나이에 썼다고 믿기 어려운 원뿔

곡선에 대한 소논문을 발표해 수학자들을 놀라게
하였습니다.

파스칼의 계산기
1642년 파스칼이 개발한 최초의 기계식 계산기
로 덧셈, 뺄셈만이 가능했다. 자동으로 계산한다
는 의미에서 현대적 컴퓨터에 대한 초보적 개념
을 정립했다.

이 논문에는 '파스칼의 정리'라 부르는 유
명한 정리가 포함되어 있습니다. '파스칼의 정
리'는 "원뿔 곡선에 내접하는 육각형에서 서로
마주보는 변들의 교점은 동일 직선 위에 있다."라는 내용입니다.

파스칼은 열여덟 살이 되던 해에 회계 담당 공무원이었던 아버지를 위하여
'파스칼의 계산기'라고 불리는 세계 최초의 계산기를 발명했습니다. 이 계산기는 덧
셈을 할 수 있도록 만들었는데 현대 계산기의 기본적인 모델이라고 할 수 있습니다.

또한 파스칼은 자신의 재능을 물리학에 적용해 21세가 되던 해, 기압에 관

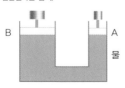
파스칼의 법칙
밀폐된 용기 안에 정지하고 있는 유체
일부에 압력을 가할 때 그 압력은 강도
가 변하지 않고 유체 내의 모든 부분에
전달된다는 법칙.

한 토리첼리의 연구를 바탕으로 '유체는 모든 방향으
로 같은 압력을 전달한다'는 **'파스칼의 법칙'**을 발견하
기도 했습니다.

이런 놀라운 연구 활동들은 1650년 갑자기 중
단되었습니다. 허약 체질로 건강이 악화된 파스칼은
수학과 과학에 관한 모든 연구들을 포기하고 종교적인
명상에 몰두했습니다. 이후 그는 남은 생의 대부분을 종교에 바쳤습니다.

종교에 빠져서도 수학을 연구하다

그러나 파스칼은 종교에 심취해 있는 기간에도 수학과 과학에 대한 애정을

버리지 않고 연구를 계속했습니다. 그는 페르마와 편지를 통해 확률의 기초가 되는 《수 삼각형론》을 저술하였고, 〈수열론〉, 〈조합〉, 〈수의 배수에 관하여〉 등 많은 수학적 연구를 논문으로 발표했습니다.

종교에 심취한 파스칼의 초상화

또한 파스칼은 사이클로드 곡선에 관한 완벽한 연구결과를 얻어냈습니다. 파스칼의 마지막 연구였던 사이클로드 곡선이란, 원이 직선 위를 구를 때 원 위의 한 점의 자취에서 만들어지는 곡선입니다. 이 곡선의 수학적, 물리학적 특성으로 초기 미분학의 발전에 중요한 역할을 했고 다리의 아치 등에 이용되기도 했습니다.

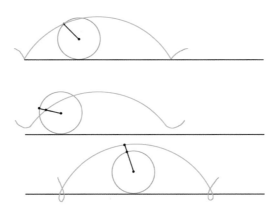

파스칼의 수학 실력은 정말 대단했습니다. 그러나 일생 동안 많은 육체적, 정신적 고통 속에 시달리다가 결국 39세의 젊은 나이로 생을 마감했습니다. 만약 파스칼에게 건강과 종교 문제만 없었다면, 더욱 훌륭한 이론들이 많이 나오지 않았을까 하는 아쉬움이 남기도 합니다. 그가 죽고 난 후 친구들은 인간의 고통과 신

128

앙에 대해 그가 쓴 글을 정리해서 책으로 묶었습니다. 그것이 바로 '파스칼' 하면 떠오르는 명상록 ≪팡세≫입니다.

팡세
≪명상록≫이라 번역된
파스칼의 유고집.

PENSÉES
DE
M. PASCAL
SUR LA RELIGION
ET SUR QUELQUES
AUTRES SUJETS,

A PARIS,

삼각형 내각의 합

삼각형의 세 내각의 합은 180도입니다. 이것은 초등 수학에서 도형의 기초입니다. 건강을 걱정한 아버지 때문에 마음 놓고 수학 공부를 할 수 없었던 파스칼은 다른 아이들이 노는 시간을 활용해 남몰래 도형에 관해 연구했습니다. 그는 짧은 시간 내에 기하학에 대한 여러 가지 성질을 알아냈으며 그 중에서 삼각형의 세 내각의 합이 평각과 같다는 사실을 밝혀냈습니다. 다음 그림과 같이 종이를 한 점에 오도록 접는 방법을 이용해 그 사실을 알아냈습니다.

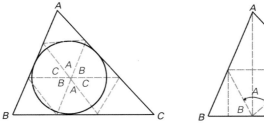 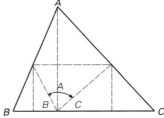

중학교 수학 Ⅰ / 도형의 측정

이 단원에서는 다각형 내각 크기의 합을 구하기 위해 먼저 삼각형 내각 크기의 합을 구하는 과정을 설명한다. 다음 그림에서와 같이 종이에 삼각형을 그리고 삼각형의 세 귀퉁이를 찢어 세 귀퉁이가 한 꼭지점에 모이도록 붙여봄으로써 삼각형의 세 내각의 합이 180도가 됨을 보여준다.

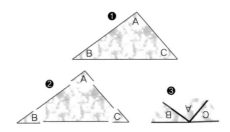

파스칼의 삼각형

파스칼은 페르마의 도움을 받아 수학에 있어 확률론의 기초가 되는 수삼각형을 만들었습니다. 수삼각형에 대한 연구는 파스칼이 처음 시작한 것은 아닙니다. 동양에서는 300년 전에 중국의 주세걸이 지은 ≪사원옥감, 1303≫에 이미 8제곱까지의 이항계수가 삼각형 꼴로 실려 있습니다. 그러나 이 정리가 파스칼에 의해 구체적으로 연구되고 일반화되었기 때문에 파스칼의 삼각형이라고 불리게 되었습니다.

```
1   1   1    1    1    1   ...
1   2   3    4    5    6   7   ...
1   3   6   10   15   21  28  ...   ...
1   4  10   20   35   56  ...   ...
1   5  15   35   70  126 ...   ...
1   6  21   56   ⋮
⋮   ⋮   ⋮   ⋮
```

파스칼의 삼각형이란 왼쪽 그림과 같이 바로 위에 있는 행의 두 수의 합으로 만들어진 것인데 임의의 한 수는 그 수의 왼쪽에 있는 열의 수의 합이 됩니다. 예를 들어 5행의 4번째 열에 있는 35는 3번째 열의 5번째 행까지의 수인 1, 3, 6, 10, 15의 합이 된답니다.

고등학교 수학 Ⅰ / 이항정리

이 단원에서는 파스칼의 삼각형을 이항계수를 찾기 위한 방법으로 활용한다.
자연수 n에 대하여 $(a+b)^n = {}_nC_0a^n + {}_nC_1a^{n-1}b^1 + \cdots + {}_nC^{n-1}b^i + \cdots + {}_nC_nb^n$ 이고
이 결과를 이항정리라고 한다.
이 때 전개식의 각 계수 ${}_nC_0, {}_nC_1, {}_nC_2, \cdots, {}_nC_n$을 이항계수라고 한다.
그런데 $(a+b)^n$의 전개식에서 알 수 있듯이 이항계수는 파스칼의 삼각형과 일치함을 알 수 있다. 따라서 파스칼의 삼각형을 이용하여 이항계수를 계산할 수 있다.

$$
\begin{array}{ccccccccc}
 & & & & 1 & & & & \\
 & & & 1 & & 1 & & & \\
 & & 1 & & 2 & & 1 & & \\
 & 1 & & 3 & & 3 & & 1 & \\
1 & & 4 & & 6 & & 4 & & 1
\end{array}
$$

$(a+b)^0 = 1$
$(a+b)^1 = a + b$
$(a+b)^2 = a^2 + 2ab + b^2$
$(a+b)^3 = a^3 + 3a^2b + 3ab^2 + b^3$
$(a+b)^4 = a^4 + 4a^3b + 6a^2b^2 + 4ab^3 + b^4$

파스칼과 도박

파스칼은 그의 도박사 친구에게 다음과 같은 질문을 받았습니다.

솜씨가 비슷한 A, B 두 사람이 각각 32피스톨을 걸고 내기를 했다. 먼저 세 번 이긴 사람이 64피스톨의 금화를 모두 가지기로 했다. 만약 A가 두 번, B가 한 번 이긴 상태에서 게임이 중단된다면 64피스톨은 어떻게 나누어 갖는 것이 가장 공정한가?

파스칼은 이 문제에 대해 흥미를 느껴 페르마와 이 문제에 대해 편지로 의견을 나누었습니다. 그리고 다음과 같이 문제를 해결했다고 합니다.

"A는 한 번만 이기면 되고 B는 두 번을 더 이겨야 한다. 만약 한 번 더 경기를 한다고 했을 때 A가 다음 경기에서 이기면 64피스톨을 몽땅 받게 되고, A가 지면 두 사람이 동점이 되어 32피스톨씩 가지게 된다. 따라서 어떤 경우이든 A는 32피스톨을 받게 된다. 또 다음 경기에서 A가 이길 가능성이 반반이므로 나머지 32피스톨을 반으로 나누면 16피스톨이 되기 때문에 A는 32피스톨에 16피스톨을 더한 48피스톨, B는 16피스톨을 가지는 것이 가장 타당하다."

미적분을 발견한 뉴턴

고등학교 수학 / 다항식의 미분법과 적분법

뉴턴 (1642년 ~ 1727년)
만류인력의 법칙으로 우리에게 너무도 잘 알려진 뉴턴은 인류의 문명을 바꾸어 놓을 만큼 위대한 과학자예요. 그런데 뉴턴은 수학에도 남다른 관심과 열정을 가지고 있었습니다. 그는 미적분학의 창시했으며 수학을 통하여 뉴턴 역학의 체계를 확립했답니다.

외로운 어린 시절을 보낸 뉴턴

뉴턴은 영국의 작은 마을에서 태어났습니다. 그는 태어나기도 전에 아버지를 여의었습니다. 어머니는 남편을 잃은 충격으로 슬픔에 빠졌고, 뱃속 아이는 10개월도 채우지 못한 채 미숙아로 태어났습니다.

남들보다 일찍 세상 빛을 본 뉴턴은 너무 작고 허약했습니다. 그러나 다행히도 아기 뉴턴은 무럭무럭 잘 자랐습니다.

그러다 뉴턴이 세 살이 되던 해, 어머니는 나이 많은 홀아비 목사와 재혼을 했습니다. 의붓아버지는 그와 함께 사는 것을 원하지 않았기 때문에, 할 수 없이 그는 어머니와 떨어져 외할머니 집에서 외롭게 자라야 했습니다. 어린

뉴턴이 태어난 곳

뉴턴의 사과나무

뉴턴은 어머니가 자신을 버렸다는 생각에 깊은 상처를 받았습니다. 그는 일기장에, '의붓아버지와 어머니를 위협하고 그들과 그들의 집을 불태울 것이다.'라는 글을 쓸 정도로 의붓아버지와 어머니에 대해 강한 증오심을 드러냈습니다.

작은 발명품들이 만들어낸 큰 수학자

어린 나이에 겪은 신체적, 정신적 고통으로 뉴턴의 성격은 괴팍해졌습니다. 점점 말수가 줄어들었고, 사람들과 어울리는 것보다는 혼자서 작은 기계 모형을 만들거나 실험하는 일에 몰두했습니다.

어린 시절의 그는 다른 아이들과 비교할 때 특별히 명석하고 뛰어난 아이는 아니었지만, 그가 만든 작품 중에는 천재성을 엿볼 수 있는 것들이 많았습니다. 그는 생쥐의 힘으로 동력을 얻어 밀을 빻아 밀가루를 만드는 장난감을 만들기도 했

고, 방앗간과 물의 힘으로 작동하는 나무 시계도 만들었습니다. 뿐만 아니라 밤하늘에 초롱불이 달린 연을 띄워 사람들을 놀라게 하기도 했습니다.

뉴턴은 어릴 때부터 독서광이었습니다. 많은 지식을 독서

를 통해 얻었습니다. 그의 독서는 세월이 지날수록 깊고 넓어졌습니다. 플라톤과 아리스토텔레스의 책을 통해 철학을 배웠고, 유클리드와 케플러의 책을 통해 기하학과 광학을 배웠습니다. 특히 **코페르니쿠스**와 **갈릴레이**가 쓴 논문은 그에게 많은 영향을 주었습니다.

코페르니쿠스(1473~1543)
태양중심설(지동설)을 체계적으로 주장해 중세 유럽 사람들의 세계관을 바꾸는 계기를 만들었다.

뉴턴에게는 독서를 통해 새로운 사실을 깨달을 때마다 자신의 노트에 꼼꼼히 기록하는 습관이 있었습니다. 후에 그를 연구한 학자들은 노트를 '생각의 샘'이라고 불렀습니다. '생각의 샘'은 뉴턴을 위대한 학자로 만드는 밑거름이었습니다.

갈릴레이(1564~1642)
피사의 사탑에서 낙하 실험을 한 것으로 유명하다. 최초로 천체 망원경을 발명해 은하수의 구성, 태양의 흑점, 금성의 위상 변화, 토성의 꼬리 등을 발견했다.

천문학을 통해 수학과 만나다

뉴턴이 15세가 되던 해, 어머니는 의붓아버지와 사별하고 울즈소프로 돌아왔습니다. 고향으로 돌아온 어머니는 아들이 자신과 함께 농사일을 하며 조용히 살기를 원했습니다. 그러나 일찍부터 뉴턴의 천재성을 발견한 외삼촌의 도움으로 뉴턴은 케임브리지 트리니티대학 입학을 준비할 수 있었습니다.

1661년부터 뉴턴은 접시닦이 등의 일로 학비를 벌면서 트리니티대학에서 공부를 시작했습니다. 그러나 당시의 정치적, 사회적인 혼란으로 제대로 된 교육을 받을 수 없었습니다. 대학에는 자격 미달인 교수가 많아 교육의 질이 형편없었으며 교육 과정 역시 엉망이었습니다.

뉴턴은 이런 상황에서 더 이상 배울 것이 없음을 깨닫고 스스로 공부했습니다. 당시 대학에 있던 도서관은 뉴턴이 혼자서 공부하는 데 많은 도움이 되었습니다.

캠브리지 트리니티 대학의 동상

그는 도서관에서 우연히 천문학에 관한 책을 읽게 되었습니다. 책에 나와 있는 기하학적 도형들을 이해하기 위해 수학의 필요성을 절실히 느꼈습니다. 이후 수학이 물리학과 천문학을 이해하고, 표현하는 데 가장 적합한 학문이라고 생각하게 되었고, 더욱 열심히 공부했습니다.

뉴턴은 유클리드의 ≪원론≫, 월리스의 ≪무한의 산수≫, 그리고 데카르트의 ≪기하학≫을 혼자 공부했습니다. 읽다가 모르는 부분이 있으면 다시 반복해서 읽거나, 더 읽어 나갈 수 없으면 앞쪽으로 넘겨 다시 처음부터 이해하지 못한 부분

캠브리지 트리니티대학

까지 읽고 또 읽었습니다. 특별히 뉴턴을 도와줄 스승이 없었기 때문에 그는 모든 문제를 스스로 해결해야 했답니다. 그가 가진 놀라운 집중력은 문제 해결에 큰 도움을 주었습니다. 책을 읽다가 잘 풀리지 않는 문제가 나오면, 그것을 해결할 때까지 며칠이고, 몇 주일이고 밤낮을 가리지 않고 매달렸습니다. 스스로 터득한 '계속해서 생각하는 방법'으로 그는 많은 문제를 해결할 수 있었습니다. 뛰어난 천재성과 놀라운 집중력의 뉴턴에게 이해하지 못할 책이란 없었습니다.

뉴턴은 대학에서 수학 교수인 **아이작 배로**에게 기하학 강의를 받았습니다.

지도 교수인 아이작 배로는 뉴턴의 수학 실력이 자신보
다 뛰어나다는 것을 깨닫고, 기쁜 마음으로 루카스 수
학 석좌 교수 자리를 그에게 양보했습니다. 청년 뉴턴
은 젊은 나이에, 당대 최고의 수학자로 인정을 받은 것
입니다.

아이작 배로(1630~1677)
영국 수학자. 캠브리지대학에서 기하
학과 광학 강의로 뉴턴에게 영향을 주
었다.

페스트가 만든 수학자, 뉴턴

1664년에 영국은 유럽 전체를 공포로 몰아넣은 **페스트**가 유행해 많은 사람
들이 죽었습니다. 트리니티대학은 문을 닫았고, 뉴턴은 어쩔 수 없이 2년여 동안
고향 울즈소프에서 시간을 보냈습니다. 뉴턴에게 이 시기는 수학과 철학에 열중하
면서, 가능한 모든 창조적인 활동을 할 수 있는 기회였
습니다.

페스트
페스트균 감염으로 일어나는 급성 전
염병이다. 14세기 유럽에서 유행한 것
으로 흑사병이라고도 한다. 사망률이
높고, 전염성이 강하다.

1665년 뉴턴은 '이항 정리' 연구를 시작으로, 현
재 미분법 함수의 도함수를 구하거나, 이것을 이용하여 함수의 성질을 연구하는 수학의 한 분야으로 더 잘 알려진 유율법과,
적분법으로 알려진 역유율법을 발표했습니다. 이것은 **뉴턴의 제2운동 법칙**에서 연
속 운동하는 한 지점의 속도를 수학적으로 설명하는 과정에서 발견했습니다. 이
무렵 그의 연구 방법은 실험적 방법에서 수학적 방법으
로 많이 기울어졌는데, 그는 스스로도 수학자라고 불리
는 것을 좋아했습니다.

뉴턴의 제2운동 법칙
물체에 힘이 작용했을 때 생기는 가속
도의 방향은 힘의 방향과 같으며 그
크기는 힘의 크기에 비례하고 질량에
반비례한다는 가속도의 법칙.

비슷한 시기에 독일의 천재 수학자 라이프니츠도 미적분학을 발견했습니

다. 그러나 발견하게 된 동기는 달랐습니다. 뉴턴은 역학적 설명을 위해 미적분을 발견했고, 라이프니츠는 기하학적 설명을 위해 미적분을 발견했습니다. 하지만 뉴턴과 라이프니츠 두 사람은 서로 먼저 미적분을 발견했다고 주장하며 오랫동안 논쟁했습니다. 영국을 대표하는 과학자 뉴턴과 독일을 대표하는 수학자 라이프니츠의 논쟁은 나중에 영국과 독일의 자존심 대결로 발전했습니다. 이 논쟁은 라이프니츠가 먼저 세상을 떠남으로써 끝을 맺었습니다.

자연철학의 수학적 원리

뉴턴의 3대 발견이라고 할 수 있는 빛의 분석, 만유인력, 미적분학 등의 기초 이론도 이 때 완성되었습니다. 나중에 과학사를 연구하는 학자들은 이 기간을 '기적의 해'라고 부를 정도로, 뉴턴은 인류 문명사에 큰 업적을 남겼습니다.

뉴턴의 가장 위대한 업적은 1687년 《자연 철학의 수학적 원리 : 프린키피아》를 저술한 것입니다. 이 책을 본 과학자들은 '코페르니쿠스의 지동설과 케플러의 행성 운동의 법칙을 수학적으로 증명하고, 천체의 모든 운동을 중력으로 설명한 위대한 책'이라고 입이 마르도록 칭찬했습니다. 어떤 이들은 이 책을 일컬어 '인간 지성이 낳은 최대의 걸작'이라고 할 정도였습니다. 뉴턴은 이 책을 통해 과학을 수학으로 표현할 수 있고, 또 그렇게 해야 함을 확실하게 보여 주었습니다.

프린키피아

PHILOSOPHIÆ
NATURALIS
PRINCIPIA
MATHEMATICA

IMPRIMATUR

1705년 뉴턴은 그 동안의 업적을 인정받아, 영

국의 앤 여왕에게 공작 작위를 받아 뉴턴 경으로 불렸습니다. 수학과 과학에 많은 업적을 남긴 뉴턴은 1727년 84세의 나이로 세상을 떠났습니다. 영국 정부와 국민들은 왕이나 전쟁 영웅들만이 묻힐 수 있는 웨스터민스터 사원에 그의 자리를 마련해 주었습니다.

미적분학의 발견

17세기는 수학사에서 가장 풍요로운 시기였습니다. 뛰어난 수학자들이 많았고, 수학에서 중요한 정리와 증명이 많이 탄생했기 때문입니다. 그러나 그 중에서도 가장 주목할 만한 발견은 바로 미적분학입니다.

미적분학은 미분적분학이라고도 하는데, '미분'과 '적분'에 관한 이론을 합친 것입니다. 미분법은 접선, 속도와 가속도, 극대값과 극소값 등을 구하는 방법을 찾는 과정에서 발견되었고, 적분법은 도형의 넓이나 부피, 호의 길이 등을 구하는 구적법(면적 계산법)이 발전하여 만들어진 수학 이론입니다. 미분과 적분은 더하기와 빼기 또는 곱하기와 나누기처럼 서로 반대의 개념으로 하나의 체계를 이루고 있습니다.

현재 고등학교에서는 미분법을 먼저 배우고 적분법을 나중에 배우는데 역사적으로는 미분법보다 적분법이 먼저 발달되었습니다. 뉴턴은 미적분학을 처음에는 '유율법'이라고 불렀습니다. 그는 운동과 관련해서 일어나는 속도와 가속도의 개념을 나타내는 수학적 방법으로 풀다가 미적분학을 생각해냈습니다. 그는 미적분학을 다양하게 응용하여 극대와 극소, 곡선의 접선, 곡선의 곡률, 변곡점, 곡선의 요철 등을 결정하고 풀이했습니다.

고등학교 수학II / 미분과 적분

이 단원에는 함수의 극한 개념을 바탕으로 여러 가지 함수의 미분법과 적분법을 학습하게 된다. 미분 가능성과 연속성의 관계는 그래프를 통해 확인하고, 적분에 필요한 공식은 미분법의 공식에서 유도할 수 있음을 보인다. 주로 쓰이는 기호와 공식은 라이프니츠가 발표한 것을 사용하나, 극한의 개념으로 미분과 적분의 뜻을 설명한 부분은 뉴턴의 방법을 사용한다.

엉뚱한 천재 수학자의 웃지 못할 사건들

뉴턴의 집중력은 정말 대단했습니다. 한 가지 일에 집중을 하면 자는 것과 먹는 것조차 잊은 채 며칠 동안 그 일만 매달렸습니다. 그래서 그에게는 이와 관련된 재미있는 일화가 많이 있답니다.

어느 날 뉴턴은 오랜만에 친구들을 초대하여 저녁을 먹었습니다. 한참을 재미있게 이야기를 하면서 저녁을 먹던 중 포도주가 떨어졌습니다. 뉴턴은 포도주를 가지고 오기 위해 식당을 나왔습니다. 그런데 잠시 딴 생각을 하게 되었습니다. 잠시 후 그는 자신이

왜 그곳에 있는지 알 수 없었고, 급한 볼일을 보기 위해 자신이 초대한 친구들을 그대로 내버려 두고 외출을 했다고 합니다.

또 한번은 뉴턴이 말을 타고 집으로 오던 중 언덕을 올라갔습니다. 뉴턴은 말이 힘들까봐 잠시 말에서 내려 고삐를 손에 쥐고 말과 함께 언덕을 올랐습니다. 그날도 뉴턴의 머릿속은 해결하지 못한 문제로 복잡했습니다. 그런데 도중에 말이 그만 미끄러져 언덕 아래로 굴러 떨어졌습니다. 한 가지 생각에 몰두하면 모든 것을 잊어 버리는 뉴턴은 말이 언덕 아래로 굴러 떨어진 것도 모르고 빈 고삐만 손에 들고 계속 앞으로 걸었습니다.

한참 후, 언덕 위에 올라서 다시 말 안장 위로 오르려고 했을 때 뉴턴은 비로소 말이 없어진 것을 깨달았답니다. 모든 일에 완벽할 것 같은 천재 수학자 뉴턴도 이런 엉뚱한 실수를 했답니다.

미적분 기호를 만든 **라이프니츠**

고등학교 수학 II / 다항함수의 미분과 적분
고등학교 수학 / 실수와 복소수

라이프니츠 (1646년 ~ 1716년)
라이프니츠는 여러 분야에서 다양한 능력을 발휘해 사람들은 그를 만능천재라고 불렀어요. 미적분학의 발명을 두고 우선권 다툼으로 뉴턴과 갈등을 겪기도 했고, 뉴턴의 명성에 가려서 피해를 본 많은 인물 중 한 명이기도 해요. 그러나 그가 고안한 미적분학 기호가 현재까지 널리 사용되고 있다는 사실만으로도 뉴턴에 비해서 과소평가될 인물은 아니랍니다.

책 읽기를 좋아하는 소년, 라이프니츠

뉴턴과 평생의 경쟁자였던 라이프니츠는 1646년 독일 **라이프치히**에서 태어났습니다. 그는 정치에 참여했던 할아버지와 라이프치히대학의 윤리학 교수였던 아버지에게 많은 영향을 받으며 자랐습니다. 실제로 라이프니츠는 생애의 대부분을 유능한 외교관으로 파리에서 활동했습니다.

현재의 라이프치히

그는 아버지의 서재에서 책 읽는 것을 좋아하고 스스로 공부하는 것을 즐겼습니다. 여섯 살이 되던 해, 아버지가 돌아가시고 어머니에게 교육을 받으며 자랐습니다. 그는 스무 살이 되기 전부터 수학, 신학, 철학, 법학 분야에서 상당한 지식을 쌓았습니다.

15세 때, 라이프치히대학 법과에 입학한 라이프니츠는 여러 가지 자연 과학

서적을 통해 케플러, 갈릴레이, 데카르트와 같은 자연 철학자의 업적을 접하게 되었습니다. 그러면서 새로운 자연 철학의 세계를 이해하기 위해서는 수학적 지식이 필요하다는 것을 깨달았습니다. 졸업 후에도 예나대학의 바이겔 교수에게 수학을 배우는 열정을 보였습니다.

수학에 눈뜨게 해준 수학자들과의 만남

1666년 겨울, 라이프치히로 돌아온 라이프니츠는 법학박사 과정을 밟으며, 충분한 실력을 갖추었습니다. 그러나 대학교수회에서는 그의 뛰어난 실력을 두려워해, 나이가 어리다는 이유를 들어 법학박사 학위를 주지 않았습니다. 하는 수 없이 라이프니츠는 뉘른베르그의 알트도르프대학에서 법률의 새로운 교수방법에 관한 논문으로 학위를 받았습니다. 그는 법률학 교수 자리를 제안받았으나, 교수가 되는 것을 거절하고 왕후 귀족의 변호사가 되는 길을 택했습니다.

그 후 라이프니츠는 1672~1676년 사이에 외교 사절로 파리와 런던에 머물면서 데카르트, **호이겐스**, 벨 등과 같은 뛰어난 학자들을 만날 수 있었습니다. 수학에 대한 본격적인 연구는 이들을 만나면서 시작되었습니다. 특히 물리학자이면서

호이겐스(1629~1695)
네덜란드 물리학자, 천문학자

유능한 수학자였던 호이겐스에게 가르침을 받으며 자신이 가진 수학적 능력이 얼마나 뛰어난지를 깨달았습니다. 호이겐스는 라이프니츠가 이룬 업적들을 보며 자신의 일처럼 기뻐하면서 끊임없이 그를 격려했습니다.

런던에 머무는 동안 그는 파스칼이 발명한 계산기에 곱셈, 나눗셈, 거듭제곱근도 계산할 수 있는 새롭고 진보된 계산기를 발명하여 왕립협회의 전람회에 내놓았습니다. 계산기를 비롯한 다른 업적들을 인정받아 영국왕립학회의 외국인 회원으로 선발되었습니다.

미적분학으로 수학을 발전시키다

수학자로서 가장 큰 업적인 미적분학의 기본정리는 파리에서 체류하면서 발견했습니다. 그는 미적분학 _{미분법과 적분법이 서로 역관계이므로 이 둘을 하나로 합쳐 만든 수학의 한 분야}에 대한 개념의 대부분을 개발하고 미적분의 수많은 기본 공식을 만들었습니다. 라이프니츠는 파리에 계속 남아 과학아카데미에서 활동하기를 원했지만 그가 외국인이라는 점 때문에 그 꿈은 실현되지 못했습니다. 결국 1676년 하노버에 돌아와 그곳에서 남은 일생을 보내면서 여러 가지 논문을 발표했습니다.

파스칼 계산기를 개량한 계산기(1673)

1684년에 라이프니츠는 〈분수량에도 무리수량에도, 장애 없이 적용할 수 있는, 극대와 극소, 또 접선에 대한 새로운 방법 그리고 그것을 위한 특이한 계산

146

법〉이라는 조금 긴 제목을 가진 논문을 발표했습니다. 이것이 바로 미적분학 발명을 둘러싸고 뉴턴과 라이프니츠 중 어느 쪽이 먼저 미적분학을 발명하였는가에 대한 우선권 논쟁을 일으킨 논문입니다. 이 일로 뉴턴과 라이프니츠 사이에 갈등은 점점 더 심각해졌고 개인적인 문제를 넘어 학계에서도 팽팽하게 대립하며 서로 원수처럼 지냈습니다. 지금은 두 사람이 모두 독자적으로 발명한 것이라고 결론이 났습니다.

라이프니츠는 이 논문에서 현재 사용하고 있는 미분 기호인 dx와 dy를 도입했습니다. 그리고 2년 후인 1686년에는 지금의 적분기호 '∫(인테그럴)'^{적분 기호로 사용}을 최초로 도입한 논문을 발표했습니다.

라이프니츠가 수학자로서 영국에서 받은 대우는 뉴턴과 비교하면 초라하기 그지없었습니다. 그러나 라이프니츠가 만든 기호법이 뉴턴의 것보다 훨씬 편리하기 때문에 현재 미적분학에서 사용하는 모든 기호는 라이프니츠가 발명한 것을 쓰고 있답니다.

미적분학의 발견

라이프니츠는 미적분학의 기본 정리를 발견했고 미적분과 관련된 기호들을 만들려고 노력했습니다. 미분의 정의를 곡선의 기울기에서 접근하여, 그 공식을 찾아내었습니다.

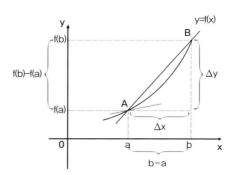

고등학교 수학II / 다항함수의 미분과 적분

함수의 극한 개념을 바탕으로 여러 가지 함수의 미분법과 적분법을 학습하게 된다. 미분계수와 곡선의 접선 관계와 주로 쓰이는 기호와 공식은 라이프니츠가 발표한 것을 사용한다.

적분 기호 창안, 함수와 허수라는 용어 사용

미적분의 정의뿐만 아니라 라이프니츠의 두드러진 업적은 dx와 $\int f(x)dx$ 등 미분과 적분의 기호를 고안했다는 것입니다. 그가 미적분학에 남긴 업적을 뉴턴과 비교했을 때, 수학적 능력에서는 뉴턴이 라이프니츠보다 나았는지 몰라도, 라이프니츠는 잘 고안된 기호 체계가 가진 편리함과 확장성 등에 대해서 뉴턴보다 훨씬 잘 인식했다고 할 수 있습니다.

한편, 함수라는 용어를 처음으로 수학에서 쓰기 시작한 사람도 라이프니츠였습니다. 이후 함수에 $f(x)$라는 기호를 쓴 것은 오일러입니다.

1550년 이탈리아 수학자 봄벨리가 어떤 방정식의 해를 나타내기 위하여 $\sqrt{-1}$, $\sqrt{-2}$ 등과 같은 수를 소개했습니다. 이 때 수학자들은 이런 것들을 수로 받아들이지 않았다고 합니다. 라이프니츠는 이런 수를 수이기도 하고 가상적인 양이기도 한 것으로 생각하여 '허수'라고 불렀습니다. 이제 이 수는 더 이상 무의미한 수가 아니라 현대 수학과 공학에 있어 없어서는 안 될 중요한 수가 되었습니다.

고등학교 수학 / 실수와 복소수

이 단원에는 실수에서 제곱하여도 음수가 되는 허수 개념을 도입하여 사칙연산을 해도 다시 같은 성질의 수가 되는 복소수라는 확장된 수 체계를 소개하고 이들 수의 계산을 다룬다. 이와 관련한 읽기 자료에서 라이프니츠에게서 허수라는 명칭의 기원을 찾고 이를 소개한다.

뉴턴과라이프니츠와의싸움

오래전부터 학자들 사이에서는 새로운 학문의 발명을 둘러싸고 서로 우선권과 표절을 주장하는 논쟁이 있었습니다. 그 중에 유명한 것이 3차 방정식의 해법을 둘러싸고 일어났던 타르탈리아와 카르다노의 논쟁이었고 또 한 가지가 바로 미적분학에 관한 뉴턴과 라이프니츠의 논쟁입니다.

두 사람은 서로 비슷한 시기에 미적분학을 발견했습니다. 당시 뉴턴은 라이프니츠보다 앞서서 미적분학을 발견했지만 발표를 미룬 상태여서 독일을 포함한 유럽에서는 그 사실을 알지 못했습니다. 또한 두 사람의 접근 방법이 달랐고 표기도 달랐기 때문에 큰 문제가 없었습니다.

그런데 뉴턴 쪽에서 라이프니츠가 뉴턴의 미적분학을 표절했다는 주장을 하게 되었고 화가 난 라이프니츠가 이에 반론을 제기하면서 둘의 싸움이 시작되었습니다. 뉴턴 역시 그 문제에 대한 재반론을 제기하면서 문제가 심각해졌답니다. 이후 라이프니츠는 베를린 과학아카데미의 원장으로, 뉴턴은 왕립 협회의 회장으로 취임하게 되면서 논쟁은 점점 확대되었고 독일 대 영국이라는 국가 간 논쟁으로까지 발전했습니다. 결국 라이프니츠가 먼저 세상을 떠남으로써 사태는 진정되었으나 라이프니츠의 미적분법을 인정하지 않았던 영국은 유럽 대륙과 교류를 끊기까지 했습니다. 그 영향으로 영국은 수학에서

100년 가까이 뒤지게 되었답니다.

물론 현재는 뉴턴과 라이프니츠가 각자 독립적으로 발명한 것으로 인정합니다. 뉴턴은 미분을 물체의 운동 속도, 가속도를 연구하기 위하여 극한의 개념으로 접근했고, 라이프니츠는 곡선의 기울기에서 착안했다고 합니다.

오일러의 공식을 발견한 수학의 마술사 **오일러**

중학교 수학 / 도형의 성질

오일러 (1707년 ~ 1783년)
오일러는 볼록 다면체의 모서리와 변, 꼭지점 사이의 관계를 밝힌 수학자예요.
이것을 '오일러 공식'이라고 부르지요. 그는 말년에 두 눈을 실명하는 불행을 겪기도 했지만 수학사에 있어서 그의 업적은 수학 발전에 크게 공헌했답니다.

감춰지지 않는 수학적 능력

오일러는 1707년 스위스 바젤에서 태어났습니다. 그의 아버지는 당시 유명한 수학자 야곱 베르누이의 제자였습니다. 그러나 칼빈주의의 영향을 받은 아버지는 오일러가 태어나고 난 이듬해에 칼빈파의 목사가 되었으며 자신의 아들도 목사가 되기를 바랐습니다.

오일러는 아버지의 뜻대로 신학을 공부하기 위해 바젤대학에 입학했습니다. 그러나 잠재되어 있던 수학적인 능력이 빛을 발하며 곧 베르누이 형제의 눈에 띄었습니다. 요한 베르누이는 자청해서 오일러에게 수학을 가르치며 그가 수학자의 길을 갈 수 있도록 그의 아버지를 설득했습니다.

열정적인 연구로 두 눈을 잃다

오일러는 열일곱 살의 나이로 수학 석사 학위를 받았습니다. 그리고 얼마 후인 1727년, 베르누이 형제의 도움으로 러시아 황제에게 초청을 받고 러시아 페테르부르크 학사원에서 15년간 활동했습니다. 그는 그곳에서 수학 교수로 지내면서 수학과 관련된 여러 가지 공식을 연구했고 수많은 논문들을 썼습니다. 이 무렵 너무 연구에 몰두한 나머지 오른쪽 눈의 시력을 잃게 되는 불운을 겪기도 했습니다.

오일러의 천재성은 곳곳에서 드러났습니다. 그는 많은 수학자들이 몇 달 동안 풀지 못하고 고민하는 문제를 단 며칠 만에 풀어내기도 하고, 복잡하고 어려운 계산들도 자신만의 독특한 방법을 개발하여 쉽게 풀어 버렸습니다. 또한 어려운 수학 논문을 쓸 때에도 주위 환경에 상관없이 몇 시간 만에 친한 친구에게 편지를 쓰듯이 완성했다고 하니 그가 가진 능력이 얼마나 대단한 것인지 쉽게 짐작할 만합니다.

1741년 오일러는 프러시아 프리드리히 대왕의 초청을 받아 베를린 학사원의 수학 부장이 되었습니다. 그곳에서 25년간 활동을 하다가 1766년경, 예카테리나 여왕의 부름을 받고 다시 **페테르부르크**로 돌아와서 연구 활동을 계속했습니다. 그러다 나머지 한 쪽 눈마저 백내장으로 시력을 잃어갔고 60세가 될 무렵 결

과거 성 페테르부르크, 지금의 레닌그라드

국 두 눈 모두 실명해 1783년 죽음을 맞이하게 될 때까지 17년간 장님으로 살았습니다.

다작의 수학자, 오일러

오일러는 수학과 물리학에서 천재적인 능력을 지닌 학자였습니다. 그는 수학, 천문학, 물리학 등 여러 분야에 걸쳐 500편이 넘는 논문과 저서를 생전에 출판했는데 수학 역사상 그렇게 많은 책을 저술한 수학자가 없을 정도입니다.

그가 쓴 책 중에 가장 잘 알려진 책은 1748년에 출판한 ≪무한소 해석 입문≫입니다. 이 책은 유클리드의 ≪원론≫에 비할 만한 것으로 이전 수학자들이 발견한 것을 재조직하고, 필요한 부분은 다시 증명하여 정리한 것입니다. 이 책은 그동안 발견한 모든 정리들을 완벽하게 기술한 것으로 많은 사람들에게 읽혀졌답니다. 이것에 이어 1755년에는 ≪미분법≫을, 1768~74년 사이에는 세 권으로 된 ≪적분법≫을 출판해 현대 해석학의 일반적인 방향을 제시했습니다.

수학의 아름다움을 알린 오일러

수학 대부분의 영역에서 오일러의 업적을 발견할 수 있는데, 그는 대수와 확률론의 기초를 다지는 데 공헌했고 미적분학과 정수론, 기하학 등 여러 가지 분야에 걸쳐 다양한 업적을 남겼습니다. 특히 오일러의 업적 중에는 그의 이름이 붙여진 것들이 많이 있는데 우리에게 너무나 잘 알려져 있는 오일러의 공식도 그 중 하나입니다.

오일러 공식이란 볼록 다면체에서 꼭지점의 개수(v), 모서리의 개수(e), 면의 개수(f) 사이에는 v−e+f=2인 관계가 성립한다는 내용입니다.

종류	면의 수(f)	꼭지점 수(v)	모서리 수(e)	면의 모양
정사면체	4	4	6	정삼각형
정육면체	6	8	12	정사각형
정팔면체	8	6	12	정삼각형
정십이면체	12	20	30	정오각형
정이십면체	20	12	30	정삼각형

또한 그는 여러 가지 기호를 사용하여 수학의 개념을 간단한 수식과 공식으로 나타냄으로써 수학의 아름다움을 설명했습니다. 수학이 아름다운 이유는 여러 가지가 있겠지만 어떤 문장이든 간결하게 표현할 수 있다는 것입니다. 그가 사용한 기호들은 오늘날에도 아주 유용하게 사용되고 있습니다.

오일러를 기념하는 지폐

그는 삼각형의 세 각을 A, B, C로 세 변을 a, b, c로 나타냈으며, 합의 기호를 나타내는 Σ(시그마), 함수를 나타내는 f(x), 허수단위인 i, 원주율을 의미하는 π, 삼각함수의 기호인 sin(사인), cos(코사인), tan(탄젠트) 등도 모두 오일러가 처음 사용한 기호랍니다. 이러한 기호를 사용해 만든 아주 멋진 공식을 만들었는데, 이것이 바로 고등학교 교과서에 나오는 오일러 공식 $e^{ix} = \cos x + i\sin x$ 입니다.

베토벤이 청력을 잃은 다음 더 위대한 작품을 썼듯이, 오일러는 두 눈을 잃었지만 절망하지 않고 수많은 업적들을 남겼습니다. 그의 실명은 오히려 그의 두뇌를 자극하는 계기가 되었고 누구도 따라갈 수 없는 기억력은 그의 단점을 극복해 줄 수 있는 희망이 되었습니다. 이러한 노력이 그의 수많은 업적들을 더욱 빛나게 합니다.

오일러 공식

도형(평면도형이나 입체도형)의 꼭지점의 수, 변의 수, 면의 수 사이의 관계식을 '오일러의 정리' 또는 '오일러의 공식' 이라고 합니다.

$$v - e + f = 2$$

오일러가 관심을 둔 정다면체에서 $v - e + f = 2$의 값을 구하면 다음과 같습니다.

도형	정사면체	정육면체	정팔면체	정십이면체	정이십면체
꼭지점의 수(v)	4	8	6	20	12
모서리의 수(e)	6	12	12	30	30
면의 수(f)	4	6	8	12	20
v−e+f	2	2	2	2	2

중학교 수학 / 도형의 성질 중학교 수학 / 도형의 성질

이 단원에서는 정다면체의 꼭지점, 모서리, 면의 개수들의 관계를 관찰하고 (꼭지점의 수) + (면의 수) − (모서리의 수)의 값을 구해봄으로써 다면체에서는 그 값이 모두 2로 같아진다는 것을 찾아낸다.

즉 꼭지점의 수를 v, 면의 수를 f, 모서리의 수를 e라고 하면 항상 $v - e + f = 2$인 성질이 있음을 설명한다.

장애를 극복한 수학자

가끔 우리는 매스컴을 통해 신체적인 장애를 극복하고 대학에 들어가거나 훌륭한 업적을 남긴 사람들의 이야기를 들을 수 있습니다. 과연 장애를 극복하고 그런 성과를 얻기까지 그 사람들의 일생은 어떠했을까요?

오일러 역시 앞을 볼 수 없다는 치명적인 장애가 있는 사람입니다.

그의 일생은 참으로 극적이라고 할 수 있습니다. 수학을 연구하는 사람이 생각의 수단이 되고 표현의 방법이라고 할 수 있는 시력을 잃으면 어떻게 될까요? 현대에 있어서도 시각장애인들이 특별한 경우를 제외하고 고등수학을 연구한다는 것은 거의 불가능할 것입니다. 그러나 오일러에게 신체상의 결함은 도리어 노력과 발전의 계기가 되었습니다.

그 유명한 베토벤이 청각을 잃은 후에도 9번 교향곡 '합창'을 완성한 사실은 익히 잘 아는 일입니다.

오일러는 양쪽 눈을 모두 잃

었지만 아들과 조수들에게 자신의 생각들을 받아 적게 하는 방식으로 계속해서 수많은 업적을 남겼습니다. 쉽게 좌절하지 않고 자신의 장애를 극복하려고 했던 그의 노력이, 후세에 오래 기억되는 위대한 수학자 '오일러'를 만들었습니다.

쾨니히스베르크 다리

누구나 한 번쯤은 종이에서 연필을 한 번도 떼지 않고 도형을 그리는 한붓그리기 문제를 풀었을 겁니다. 한붓그리기가 가능한 도형과 그렇지 않은 도형 사이의 관계를 나중에서야 알고 한붓그리기를 하기 전에 가능성 여부를 따졌던 기억이 납니다.

옛날 사람들도 이 문제에 특별한 관심을 가졌습니다. 18세기 초 소련과 폴란드 국경 근처에 쾨니히스베르크라는 도시가 있었습니다. 이 도시의 중심에는 프레골라 강이 흐르고 있었는데 강 가운데 섬이 하나 있고 그 강이 도시를 세 지역으로 나누었습니다. 그리고 이들 지역을 연결하는 7개의 다리가 아래 그림과 같이 놓여 있었습니다.

이 도시에 사는 사람들은 "이 모든 다리를 하나도 빠짐없이 꼭 한 번씩만 건너서 산책할 수 있을까?"라는 생각하게 되었답니다. 이것이 바로 유명한 '쾨니히스베르크 다리

쾨니히스베르크의 다리

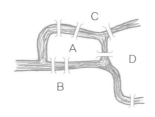

강과 다리를 중심으로 간단히 한 그림

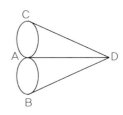

도형화 시킨 다리 문제

의 문제' 입니다.

　지금 한번 도전해보세요. 책에 그리면 헷갈리니까 이면지를 준비해서 간단히 그린 후, 해 보면 더 좋을 겁니다. 어떤 사람은 왜 이런 쓸데없는 문제를 풀려고 했을까 하는 사람도 있겠지만, 오늘날에도 빠른 시간 내에 배달을 할 때나, 순찰을 할 때의 상황을 가정해보면 이런 문제의 해결 방법이 어떤 의미를 주는지 이해할 수 있을 겁니다.

　당시 사람들은 이 문제를 오일러에게 보였습니다. 그런데 오일러는 이 문제를 보자마자 "이것은 불가능하다."라고 말했답니다. 이 문제 상황을 간단히 한 오른쪽 도형은 홀수점(점에 연결된 선의 개수가 홀수 개인 점)이 4개이므로 한 번만 지나는 것은 불가능합니다.

　이러한 오일러의 해법은 오늘날 '그래프 이론'을 개척하는 역할을 했습니다. 과거 수학 책에는 한붓그리기라는 단원으로 이 문제가 소개된 바 있으나 지금의 교과서에는 빠져 있습니다. 그러나 고등학교 이산수학의 그래프 이론의 기본이 되는 내용입니다.

레기오몬타누스(1436-1476)

레기오몬타누스는 독일의 천문학자이며 수학자예요. 그는 삼각법과 천문학에 중요한 업적을 남겼답니다.

그는 유럽에서 최초로 평면과 구면 삼각법에 관한 전문서적인 《삼각법의 모든 것》을 저술하였는데 사인 법칙 등을 체계적으로 설명하고 있지요. 레기오몬타누스는 수학뿐만 아니라 천문학에도 뛰어난 업적을 남겼어요. 1472년에는 핼리혜성을 관측하기도 하고 태양, 달, 일식, 월식 등에 관한 내용이 담긴 레기오몬타누스의 달력을 만들기도 했답니다.

비에트(1540-1603)

비에트는 16세기 프랑스의 가장 위대한 수학자예요. 그는 산술, 대수학, 삼각법, 기하학 등에서 많은 업적을

남겼으며 특히 대수학은 그가 가장 많은 관심을 가진 분야랍니다. 대수학에 관한 비에트의 연구를 집대성한 저작이 《해석학 서설》인데 수식에서 알파벳을 이용하여 미지수와 계수까지도 문자로 나타내는 등 대수학 기호화에 커다란 공헌을 하였지요. 대수학을 기하학에 관련지어 생각한 그는 17세기 해석 기하학의 전개에 기초를 마련하는 데 공헌했답니다.

뷔르기(1552-1632)

뷔르기는 스위스의 수학자이자 천문학자예요. 그는 왕실의 시계를 만드는 일을 하다가 왕립천문대에서 일했답니다. 프라하에서는 케플러와 함께 일을 하기도 했지요. 뷔르기는 소수를 나타낼 때 지금처럼 점을 사용한 최초의 수학자예요. 그러나 그는 지금과는 다르게 여러 개의 점을 사용했어요. 또한 네이피어나 브리그스와는 별도로 지수에서 로그를 생각해내어 로그표를 만들기도 했답니다.

해리엇(1560-1621)

해리엇은 영국의 수학자예요. 그의 중요한 업적은 방정식에 관한 것인데 방정식을 인수분해한 최초의 수학자이며 그가 쓴 논문에는 근과 계수와의 관계 등 방정식에 관련된 여러 가지 이론들이 들어 있어요. 또한 해리엇은 "…보다 크다" "…보다 작다"는 의미의 부등호 기호 〉와 〈 를 처음 사용했답니다. 해리엇은 수학뿐만 아니라 갈릴레이와 거의 같은 때에 망원경을 이용한 천체관측을 시작하여 목성의 위성을 관측하였으며, 태양의 흑점을 발견하고 물질의 밀도와 굴절률의 관계에 대한 중요한 고찰을 하는 등 뛰어난 천문학자이기도 했답니다.

데자르그 (1591-1661)

데자르그는 프랑스의 수학자예요. 그는 젊은 시절 건축기술자로 활동을 하다가 은퇴한 후 기하학 연구에

전념을 했지요. 데자르그가 1639년에 발표한 원추곡선에 관한 논문은 데카르트의 해석 기하학 때문에 당시 사람들에게 주목받지 못했으나, 후에 이 논문은 새로운 기하학인 사영 기하학의 시초가 되었답니다.

최석정(1646-1715)

최석정은 조선 시대의 수학자예요. 그는 영의정을 8번이나 한 탁월한 정치가이자 유학자였어요. 그는 그 당시 학문의 주류였던 주자학뿐만 아니라 양명학, 병법, 수학 등 다양한 학문에 관심을 가지고 연구했답니다. 특히 최석정은 마방진에 깊은 관심을 가지고 있었어요. 마방진은 유럽과 인도뿐 아니라 중국에서도 관심 있게 연구된 학문이에요. 최석정은 그가 쓴 《구수략》에서 3차에서부터 10차까지의 마방진에 대한 내용을 소개했어요. 특히 그가 고안한 9차 마방진은 수학자로서의 탁월한 능력을 잘 드러내고 있답니다.

요한 베르누이 (1667-1748)

요한 베르누이는 스위스의 수학자로 '베르누이 정리'를 발견한 다니엘 베르누이의 아버지예요. 그의 형 야곱 베르누이는 변분법과 수학적 확률을 최초로 연구했고 적분이라는 단어를 처음으로 사용하기도 했어요. 요한 베르누이는 자신보다 먼저 수학을 연구하기 시작한 형 야곱 베르누이와 함께 서로 경쟁을 하면서 라이프니츠의 미적분학을 발전시켜 나갔답니다. 그의 연구는 미적분의 유용성을 인정받게 만드는 데 크게 공헌을 했으며 최초로 미적분에 관련된 교재를 만들기도 했어요. 또한 그는 유명한 수학자 오일러의 스승이기도 하답니다.

드무아브르(1667-1754)

드부아브르는 프랑스에서 태어난 영국의 수학자예요. 그는 삼각법에 관한 기본정리인 '드무아브르의 정리'를 발견하였고 확률론 분야에서 선구자적인 역할을 하였지요. 드무아브르의 정리란 $(\cos x + i \sin x)^n = \cos nx + i \sin nx$ 로 복소수 n 제곱근의 값을 구하는데 아주 간단하고 편리한 정리랍니다.

교과서를 만든 근대 수학자들을
만나봅니다.

근대 수학자들

복소수를 발견한 가우스

고등학교 수학 Ⅱ / 복소평면
고등학교 수학 Ⅰ / 역행렬과 1차 연립 방정식

가우스 (1777년 ~ 1855년)

"수학은 과학의 여왕이고 정수론은 수학의 여왕이다."라는 유명한 말을 남긴 가우스는 천재 수학자였어요. 그의 천재성은 어린 시절에도 두드러져 주위 사람들에게 신동이란 말을 들을 정도였답니다. 초등학교 시절에 1부터 100까지의 합을 구하는 문제를 해결한 일화는 지금도 많은 사람들의 입에 오르내리고 있답니다.

수학의 왕자, 가우스

가우스는 1777년 독일에서 가난한 집안의 외아들로 태어났습니다. 가난을 물려받은 그의 아버지는 벽돌공과 정원사 등의 일로 생계를 꾸려나가는 육체 노동자였습니다. 거칠고 난폭한 성격의 아버지는 가족들에게 환영받지 못한 인물이었습니다. 이런 환경에서도 어머니의 곧은 성품과 뛰어난 유머감각이 가우스를 위대한 수학자로 만들어냈습니다. 어머니는 완강하고 난폭한 남편으로부터 어린 아들을 끝까지 보호했습니다. 그녀는 죽을 때까지 아들을 자랑스러워했고 자신의 삶의 전부로 여겼다고 하니 어머니의 위대함이 한 사람의 훌륭한 인물을 낳게 한 것이라 할 만합니다.

가우스의 인생에 큰 영향을 미친 또 다른 사람은 외삼촌 프리드리히입니다. 그는 베 짜는 일을 하는 사람이었지만 아주 총명하고 온화한 사람이었습니다.

프리드리히는 수학에 남다른 열정을 가지고 있었는데 어린 조카인 가우스에게 천재성을 발견하고 그것을 키워주기 위해 여러모로 애를 썼습니다. 이러한 삼촌은 가우스에게 정신적으로 든든한 후원자였습니다. 가우스는 삼촌에 대한 고마움을 잊지 않기 위해 자신의 세례명(요한 프리드리히 칼 가우스)에 그의 이름을 넣었답니다.

가우스를 도와준 많은 후원자들

가우스는 이미 두 살 때부터 신동이라는 소리를 들었답니다. 사람들은 그의 영리함과 뛰어난 재주에 감탄했습니다. 10세 때, 이미 1에서 100까지의 합을 쉽게 구하는 방법을 생각해내는 등 가우스에게 수학 시간은 그의 재능을 유감없이 발휘할 수 있는 기회였습니다. 당시 가우스를 가르치던 뷰트너는 그의 천재성을 인정하고 여러 가지로 도움을 주었습니다. 그리고 가우스와 일곱 살 차이가 나는 젊은

교사인 요한 마르틴 바르텔스라는 청년과 함께 공부하도록 주선했습니다. 두 사람은 수학과 관련된 여러 종류의 책을 구해 함께 문제를 풀면서 따뜻한 우정을 키웠습니다. 이들의 우정은 바르텔스가 죽을 때까지 계속되었다고 합니다.

가우스가 14세가 되자 바르텔스는 브라운 슈바이크 페르난드 공작에게 그를 소개시켜 주었습니다. 가우스의 능력을 인정한 공작은 평생 동안 가우스의 후견인이 되었고 덕분에 그는 학비와 생활비 걱정 없이 수학 공부를 계속할 수 있었습니다.

12살 때부터 유클리드 기하학에 관심을 가지기 시작한 그는 고교시절에 이미 정수론 정수를 연구하는 수학의 한 분야로 수론이라고도 한다 이나 최소제곱법 가우스가 소행성의 궤도를 계산하기 위해 발견한 것으로 측정값을 기초로 해서 적당한 제곱의 합을 만들고 그것을 최소로 하는 값을 구하여 측정 결과를 처리하는 방법 등을 발명해 그의 천재성을 인정받기 시작했습니다.

페르난드 공작의 아낌없는 지원으로 가우스는 18세에 괴팅겐대학에 들어갔습니다. 그 시기에 그를 평생 수학에 몸담기로 결심하게 만든 중요 한 사건이 있었습니다. 그것은 자와 컴퍼스만으로 정 17각형을 작도하는 방법을 발견한 것입니다. 이것은 많은 수학자들이 2천 년 이상 고민했던 문제였습니다.

대수학의 기본정리
대수학의 기본정리는 달랑베르가 처음으로 발표했으나 이것을 증명하지는 못했다. 그 뒤 뉴턴, 오일러, 라그랑주도 시도했으나 모두 실패하고 말았다. 이것을 가우스가 증명해낸 것이다. '대수학의 기본정리'란 '모든 다항식은 1차 또는 2차식의 곱으로 인수분해 되므로 모든 n차 방정식을 풀수 있다'라는 내용이다.

그 외에도 가우스 기호, 가우스 함수 등의 수많은 업적을 남겼습니다. 1799년 박사학위 논문에서 발표한 '**대수학의 기본정리**'는 수세기 동안 다른 수학자들이 이해하지 못할 정도로 시대에 앞선 것이었습니다.

다양한 분야에서 업적을 남긴 가우스

가우스의 업적은 천문학에서도 두드러졌습니다. 1801년 소행성 케레스가 발견되었는데 그는 이 소행성의 궤도를 정확하게 계산해 다음 번 출현을 정확히 예측했습니다. 이것을 계기로 가우스는 괴팅겐대학

가우스와 베베

의 수학 교수 겸 천문대장으로 임명되었습니다. 또한 지구의 자장을 그려내는 등(자기장의 기본단위를 가우스라고 부른다) **베버**와 공동 연구를 통해 광학, 자기학, 기계학, 음향학 등 많은 물리학 분야에도 업적을 남겼습니다.

그의 업적은 내용이 다소 어려워 쉽게 이해할 수는 없지만 정수론, 해석학, 미분기하학, 측지학, 자기학, 천문학, 광학, 확률론 등 수학, 천문학, 물리학의 광범위한 분야에 걸쳐 오랫동안 강한 영향력을 행사했습니다.

복소수

　　복소수를 평면 위의 한 점으로 표현하는 방법은 가우스가 처음으로 시도한 것입니다. 좌표평면 위의 점 P에 복소수를 대응시키면, 평면 위의 점과 복소수가 일대일대응을 하는데 이와 같이 복소수를 대응시켜 생각한 평면을 복소평면 또는 가우스 평면이라고 부릅니다.

　　좌표평면의 가로축을 보통 x 축이라 하고 세로축을 y 축이라고 하는데 복소평면에서는 가로축은 실수축, 세로축은 허수축이라고 합니다. 곧 x축을 실수축으로, y축을 허수축으로 하여 복소수_{실수에 제곱해서 −1이 되는 수 허수 i를 도입하여 이를 확장한 수 체계}를 평면 위의 한 점으로 나타내는 것입니다.

　　즉 복소수 3 + 4i를 좌표평면 위에 나타내면 (3, 4)의 위치에 찍히게 되는 것입니다.

고등학교 수학Ⅱ / 복소평면

이 단원에서는 복소수를 좌표평면에 나타내는 방법을 설명하고 있는데 복소평면이란 복소수 z=a+bi를 평면 위의 점 P(a, b)로 나타낸 평면으로 가로축 상의 점 (a, 0)은 실수 a를 나타내므로 실수축이라 하고 세로축 상의 점 (0, b)는 허수 bi를 나타내므로 허수축이라 한다.

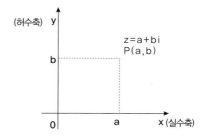

가우스 소거법

가우스 소거법은 가우스가 소행성을 연구하던 중, 궤도 관측에서 얻는 미지수 6개인 연립 1차 방정식을 푸는 과정에서 고안했습니다. 간단히 설명하면 연립 1차 방정식을 풀기 위해 주어진 방정식을 행렬로 나타내고, 행렬의 기본 변형을 적당히 반복해 계수의 행렬이 단위행렬이 되도록 하는 방법입니다. 이 때, 변형된 상수항의 행렬이 주어진 방정식의 해입니다. 이와 같이 연립 1차 방정식을 푸는 방법을 '가우스 소거법' 또는 간단히 '소거법' 이라 합니다.

$$\begin{cases} ax+by=p \\ cx+dy=q \end{cases} \text{ 을 행렬로 변형하여}$$

$$\begin{pmatrix} a & b \\ c & d \end{pmatrix}\begin{pmatrix} x \\ y \end{pmatrix}=\begin{pmatrix} p \\ q \end{pmatrix} \Rightarrow \begin{pmatrix} 1 & 0 \\ 0 & 1 \end{pmatrix}\begin{pmatrix} x \\ y \end{pmatrix}=\begin{pmatrix} r \\ s \end{pmatrix} \Rightarrow \begin{pmatrix} x \\ y \end{pmatrix}=\begin{pmatrix} r \\ s \end{pmatrix}$$

의 순으로 연립 방정식을 해결하는 방법입니다.

이는 놀랍게도 방정식의 여러 방정식의 해법으로 유명한 중국 한 왕조 시대 고대 수학서인 《구장산술》에 나타난 방정식 풀이 방법과도 같습니다.

고등학교 수학 Ⅰ / 역행렬과 1차 연립 방정식

이 단원에는 가우스 소거법을 직접 언급하지는 않지만 2×2 단위행렬을 사용해 역행렬을 이용한 연립 방정식의 해를 구하는 방법을 설명한다.

" 문제 다 풀었어요!"
- 생각을 바꾸면 답이 보인다.

가우스가 신동임을 전해주는 이야기가 있습니다. 그가 초등학교 때, 아마 선생님이 좀 피곤하여 쉬고 싶으셨는지 아이들에게 1부터 100까지 더하도록 시켰답니다.

학생들은 선생님이 내준 문제를 열심히 풀기 시작했고 그런 학생들을 본 선생님은 자리에 앉았습니다. 그런데 선생님이 자리에 앉자마자 한 학생이 답을 제출하고 들어가는 것이었습니다. 선생님은 '그럴 리 없다' 라고 생각하면서 다른 학생들이 풀 때까지 기다렸다가 답을 맞추어 보았습니다.

1시간쯤 지났을까 많은 학생들이 답을 제출했고 선생님은 학생들의 답을 맞추기 시작했습니다. 그런데 다른 학생들의 답은 모두 틀렸고 단지 한 학생의 답만 맞았는데 그것은 바로 처음으로 답을

제출했던 학생이었습니다. 그 학생의 답안지에는 문제를 푼 흔적도 없었고 단지 하나의 숫자만 적혀 있었답니다.

선생님은 그 학생을 불렀고 어떻게 답을 내었는지 물었습니다. 다른 학생들이 1+2+3+…9+…+100을 일일이 계산하는 동안 그는 1+100, 2+99, 3+98, …, 50+51와 같은 식으로 하여 101×50=5050의 정답을 구했던 것입니다.

그 학생이 바로 천재적인 수학자 가우스입니다.

절대 부등식으로 현대 수학을 발전시킨 코시

코시 (1789년 ~ 1857년)
코시는 코시-슈바르츠 부등식이라는 용어로 먼저 우리에게 알려져 있는 수학자예요. 이 부등식은 고등학교 교과서에 나와 있답니다. 또한 무한수열의 수렴조건을 연구한 것으로 유명한 코시는 19세기 수학 발전에 크게 공헌을 한 수학자랍니다.

혁명의 혼란 속에 태어난 수학자 코시

　　19세기 프랑스의 대표적인 수학자 코시는 **프랑스 혁명**이 일어나던 해인 1789년 파리 근교의 작은 마을에서 태어났습니다. 당시 그의 아버지는 루이 왕실의 관리였기 때문에 혁명군에게 체포되지 않기 위해서 작은 마을에 숨어 살았답니다. 코시는 어린 시절, 사회적 혼란 속에서 굶주림과 공포에 시달려야 했습

> **프랑스 혁명**
> 1789년부터 1794년에 걸쳐 일어난 프랑스 시민 혁명이다. 바스티유 감옥을 파리 시민들이 습격해 점령한 사건을 계기로 혁명이 시작되었다.

니다. 잘 먹지도 못해 또래 아이들보다 작고 허약했습니다. 그의 아버지는 이런 상황 속에서도 자녀들의 교육에 관심을 쏟으며 직접 교과서를 만들기도 하고 라틴어와 그리스어 등을 가르치기도 했습니다.

　　코시의 부모님은 신앙심이 깊었으며 경건한 생활을 했습니다. 이런 부모 밑에서 자란 코시 역시 카톨릭의 광신자로 불릴 만큼 신앙이 깊었습니다. 다른 소년

들처럼 자유분방하고 활기차게 활동하기보다는 혼자 조용히 책 읽는 것을 좋아했습니다.

코시의 집 근처에는 수학자인 라플라스가 살았습니다. 라플라스는 우연히 어린 코시의 수학적 재능을 발견하게 되어, 그 능력에 두려움을 느끼기까지 했답니다. 그런 코시에게 라플라스는 공부를 계속할 것을 권유했습니다.

많은 과학자, 수학자와의 만남

라그랑주(1736~1813)
프랑스 수학자로 해석 역학과 정수론에 큰 영향을 끼쳤다. 저서 《해석역학》이 유명하다.

프랑스 혁명이 일어난 지 10년이 지나자, 나라는 안정을 찾았고 코시의 아버지는 다시 일을 하게 되어 파리 왕실의 옛 궁으로 이사를 했습니다. 덕분에 코시는 어려서부터 많은 과학자들을 알게 되었는데, 당시 최고 수학자인 **라그랑주**도 이때에 만나게 되었습니다. 라그랑주 역시 코시의 수학적 능력에 놀랐습니다. 그는 코시의 허약한 체질을 염려하여 어릴 적부터 너무 깊이 수학에 빠지지 않도록 주의를 시키기도 했답니다.

　　코시의 학교 생활은 화려했습니다. 그는 그리스어와 라틴어뿐만 아니라 고전 문학에서도 뛰어나 각종 상과 상금을 휩쓸었습니다.

　　1810년 토목기사학교를 졸업하고 잠시 나폴레옹 군대의 요새에 관련된 일을 보았습니다. 이때 수학에 관한 많은 논문을 발표하여 프랑스의 유능한 수학자들에게 주목받았습니다. 이즈음에 발표한 논문 중에는 '다각형의 각의 크기가 변의 수와 관련이 있다.'는 것을 증명한 것과, '정다면체는 다섯 종류 이외에는 없다.'는 것을 증명한 것이 대표적이었습니다. 또한 오일러의 정리($v-e+f=2$)를 심층적으로 연구한 논문을 파리과학아카데미에 제출해 대 수학자 **르장드르**에게 인정도 받았습니다. 그 후 그는 본격적으로 수학자의 역량을 마음껏 펼칠 수 있었습니다.

르장드르(1752~1833)
프랑스 수학자로 라플라스, 라그랑주와 함께 19세기 3대 수학자 중 한 사람이다. 적분학, 함수론에 크게 기여했다.

　　그러나 코시는 종교적으로나 정치적으로 많은 시련과 고통을 받았습니다. 그는 독실한 가톨릭 신자였으며, 정통 왕당파^{국왕을 지지하는 파}였기 때문에 그 당시 시대의 흐름에 휩싸일 수밖에 없었습니다. 코시는 1830년 다시 일어난 7월 혁명으로 왕이 된 루이 필립에게 추방당했다가 1848년 나폴레옹 3세가 즉위한 뒤에야 학문과 정치의 분리 정책에 따라 **소르본느대학** 교수로 복귀했습니다. 그리고 그곳에서 일생을 마감했습니다.

지금의 소르본느대학

현대 수학을 발전시킨 많은 업적들

코시는 미적분학, 복소함수론, 대수학, 미분방정식, 기하학, 해석학_{함수 및 그 구조}_{를 연구 하는 수학 분야} 등 여러 분야에 걸쳐 뛰어난 업적을 남겼습니다. 주로 고등 수학에서 배우고 있는 내용으로, 그의 이름을 딴 중요한 정리나 용어들이 많이 있습니다. 그의 이론들은 수학에서 중요한 위치를 차지하고 있으며 현재까지 널리 쓰이고 있습니다.

그는 미분과 적분의 개념을 엄밀하게 규정하고, 이를 이용해 다양한 함수들의 성질을 연구하는 해석학에 관심을 기울였습니다. 그는 처음으로 무한수열의 수렴조건을 연구했고 현재 사용하는 정적분의 정의를 내리는 등 수학사에 길이 남을 업적을 남겼습니다. 그의 해석학이나 미분적분학 관련 저서들은 당시 수학에 엄밀성의 기준을 제시했습니다. 그래서 더 이상 단순한 직관으로 증명하는 방법은 수학자들에게 받아들여지지 않았습니다. 이것은 과학 전반에도 영향을 끼쳐 과학적 사실의 증명에 엄격한 논리 전개가 요구되었습니다.

코시는 수학뿐만 아니라 수리물리학, 천체 역학 등 많은 분야에 업적을 남겼습니다. 광학과 탄성 이론에 수학적 방법을 도입해 수학적 논리를 전개했을 뿐만 아니라, 역학_{물체 간에 작용하는 힘과 운동의 관계를 연구하는 학문,} 광학, 천문학의 기초를 다지는 데도 중요한 역할을 했습니다.

절대 부등식

몇 가지 특정 조건에서 항상 성립하는 부등식을 절대 부등식이라 하며, 이중 코시–슈바르츠 부등식이 있습니다. 코시–슈바르츠부등식은 프랑스의 수학자 코시와 독일의 수학자 슈바르츠의 이름을 기념하기 위해 붙여진 것입니다. 교과서에서는 다음과 같이 코시–슈바르츠 부등식이 소개합니다.

모든 계수가 실수 일 때,

① $(a^2+b^2)(x^2+y^2) \geq (ax+by)^2$

② $(a^2+b^2+c^2)(x^2+y^2+z^2) \geq (ax+by+cz)^2$

코시–슈바르츠 이론의 현대 수학책

슈바르츠

고등학교 수학 / 부등식의 증명

이 단원에는 절대 부등식 중 코시–슈바르츠 부등식을 증명하는 문제와 이를 이용하여 최소값을 구하는 문제가 있다. 증명의 경우 (좌변) – (우변)을 하여 완전제곱 꼴로 변형하면 가능하고, 최소값의 경우 부등식의 성질을 그대로 이용하여 구하면 된다.

예를 들어 $(a^2+b^2)(\frac{1}{a^2}+\frac{1}{b^2})$의 최소값은 $(a^2+b^2)(\frac{1}{a^2}+\frac{1}{b^2}) \geq (a \cdot \frac{1}{a} + b \cdot \frac{1}{b})^2 = 4$ 로 4이다.

논문은 네 페이지로

무려 789편에 달하는 논문을 발표했던 코시는 오일러, 케일리와 함께 수학사에서 많은 내용의 책을 썼던 사람 중에 한 명으로 꼽힙니다. 보통 사람들은 한 편을 쓰는 것도 쉬운 일이 아닌데 30페이지가 넘는 논문을 일주일에도 몇 개씩 제출했다고 하니 수학에 대한 그 열정이 정말 대단하다고 할 수 있습니다.

당시 다른 수학자들과 사이가 별로 좋지 않았던 코시는 지나치게 많은 발표를 하다 보니 내용도 부실하고 신중하지 못한 논문이라는 비난을 받기도 했습니다. 그러나 그는

181

엄밀하고 정확한 증명을 하려고 했기 때문에 후에 다른 수학자들에게 많은 영향을 주었답니다.

이와는 별개로 과학아카데미에서는 코시의 원고로 늘어나기만 하는 인쇄비를 감당할 수가 없었습니다. 그래서 앞으로 모든 수학자들이 논문을 제출할 때에는 4페이지 이내로 줄이기로 협의했고 이러한 원칙은 오늘날까지 지켜지고 있답니다.

1857년 시골의 한 작은 마을에서 68세로 생을 마감한 코시는 죽기 직전 "사람은 죽어도 그의 행적은 남는다."라는 말을 남겼답니다. 지금 그의 많은 저작물들이 바로 그의 행적을 기억할 수 있게 하는 좋은 자료가 되었습니다.

집합연산의 기초 법칙을 발견한 **드모르간**

중학교 수학 / 집합
고등학교 수학 I / 수열

드 모르간 (1806년 ~ 1871년)

드 모르간은 근대 대수학의 개척자 중 한 사람으로 집합론과 논리학에 많은 업적을 남겼어요. 특히 집합 연산의 기초적인 법칙을 발견하였는데 그것이 바로 '드 모르간 법칙'이랍니다. 이것은 현재 고등학교 교과서에 소개되어 있고, 여러 단원에서 논리의 기본으로 적용되어 사용되고 있는 법칙이에요. 이외에도 집합에 대한 여러 가지 기호도 소개하였는데 지금 사용하고 있는 대부분의 집합과 관련된 기호가 바로 드 모르간이 제시한 것이랍니다.

시험 보는 것을 싫어한 수학자

드 모르간은 1806년 인도에서 태어났습니다. 그는 영국 사람이었지만 아버지가 **동인도 회사**와 관련된 일을 하고 있었기 때문에 인도에서 태어났습니다.

드 모르간의 어린 시절은 그렇게 행복하지 않았습니다. 그는 태어나면서부터 한 쪽 눈이 보이지 않았습니다. 자라면서 늘 친구들에게 놀림을 받았습

> **동인도 회사**
> 17세기 초, 영국, 프랑스 등의 서양 여러 강대국들이 동양 시장에 대한 독점 무역권을 얻어내 동인도에 설립한 회사. 인도의 무역을 거의 독점하고 동시에 인도의 식민지화를 추진했다.

니다. 신체적인 결함으로 학교 성적도 뛰어난 편이 아니었고 주위 사람들의 시선을 끌 만한 특별한 재능도 없었습니다. 게다가 열 살에는 아버지를 잃는 아픔까지 겪었습니다.

열여섯 살이 되던 1823년, 그는 캠브리지대학의 트리니티칼리지에 입학했습니다. 수학에 관심이 많던 그는 대학을 다니는 동안 많은 시간과 정열을 수학

공부에 쏟았습니다. 그러나 선천적으로 다른 사람들과 경쟁을 하거나 시험을 치르는 것을 싫어했기 때문에 수학 분야에서 학위를 받는 것을 포기하기도 했습니다. 대학에서 석사나 박사 학위를 받기 위해서는 지나치게 경쟁을 해야 하기 때문에 그는 그 과정을 밟지 않고 자유롭게 연구에 열중했습니다.

학위도 없이 수학 교수가 된 드 모르간

드 모르간은 단 한 편의 수학 관련 논문도, 학위도 없었지만 1828년 22세의 나이로 새로 신설된 **런던대학** 수학 교수가 되

런던대학(지금의 유니버시티 칼리지)

었습니다. 그 후 학장까지 지내며 30여 년을 그곳에서 보냈습니다.

드 모르간의 정열적인 수학 강의는 학생들 사이에서 큰 인기를 끌었습니다. 교수로서 학생들에게 수학을 재미있는 학문으로 인식하게 하는 역할을 톡톡히 했습니다.

또한 산술, 초등대수, 유클리드 기하학 등 이해하기 쉽지 않았던 책들을 학생들이 이해하기 쉽게 풀어서 책을 만들고 설명함으로써 수학 교육의 새로운 방법을

제시했습니다.

또한 그는 일생을 통해 끊임없이 다양한 활동을 했습니다. '왕립 천문학회'의 회원(왕립 천문학회 회원으로 활동을 한 덕에 달의 분화구 중 하나는 그의 이름이 붙여져 있다.)이기도 했으며 1866년에는 교수직을 사임하고 '런던 수학협회'의 창립멤버로 초대 회장직을 맡기도 했습니다.

집합연산의 기초, 드 모르간의 법칙을 만들다

드 모르간은 수학의 여러 분야에 걸쳐 매우 많은 업적을 남겼습니다. 그는 집합이나 명제를 추상적인 기호로 표현했고, '수학적 귀납법'을 처음으로 정의했으며 집합연산의 기초적인 법칙인 '드 모르간의 법칙'을 만들어내기도 했습니다.

또한 그는 독서광이었습니다. 책에 대한 욕심이 많아 어려운 형편에서도 책을 사는 데 돈을 아끼지 않았습니다. 특히 철학과 수학사에 관련된 책을 많이 읽었고 그것을 바탕으로 수학, 논리학, 철학, 확률론, 기타 여러 분야에 관한 책을 썼는데 그가 쓴 책이 수천 권에 이릅니다.

또한 학생들이 수학사에 대해 바로 알아야 수학이 발전할 수 있다는 생각으로 1천 5백 명에 이르는 수학자의 일대기와 수학사의 발자취를 기록한 《수학 실록》을 출판하기도 했습니다.

그의 타고난 재치와 명쾌한 해설은 그의 저서에도 잘 드러나 있는데 《패러독스 묶음》은 오늘날에도 많은 사람들에게 재미있는 책으로 널리 읽히고 있습니다.

집합기호와 드모르간의 법칙

(1) 집합 기호

드 모르간은 집합 기호의 기본이 되는 집합의 원소와 집합 사이의 포함 관계, 집합의 연산과 관련된 각종 기호를 부호화했습니다.

$\in$: (원소가 집합에)속한다 $\notin$: 속하지 않는다

$\subset$: (집합이 집합을)포함한다 $\not\subset$: 포함하지 않는다

$\cup$: 합집합, $\cap$: 교집합, A^c: A 집합의 여집합,

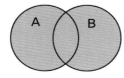
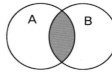
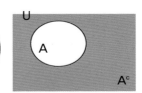

(2) 드 모르간의 법칙

집합들의 합집합의 여집합은 각각의 여집합의 교집합과 같고, 집합들의 교집합의 여집합은 각각의 여집합의 합집합과 같습니다.

$(A \cup B)^c = A^c \cap B^c$, $(A \cap B)^c = A^c \cup B^c$

예) $(A \cup B)^c = A^c \cap B^c$

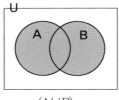

$(A \cup B)$

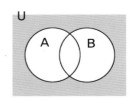

$(A \cup B)^c$

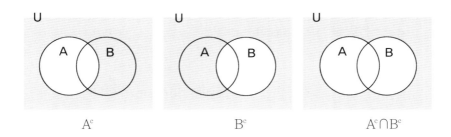

| A^c | B^c | $A^c \cap B^c$ |

이러한 성질을 일반적으로 n개의 집합에서도 성립합니다.

중학교 수학 / 집합

이 단원에서는 집합에서 사용하는 여러 가지 기호와 포함관계, 차집합, 여집합을 다루고, 고등학교 수학 10-가 집합 단원에서는 집합의 포함관계, 연산법칙과 함께 '드 모르간의 법칙'을 다룬다. 또한 명제에 있어서 드 모르간의 법칙을 설명하고 있는데 명제 p와 q에 대하여 'p 또는 q'라는 명제를 p∨q로, 'p 그리고 q'라는 명제를 p∧q로, 'p가 아니다'라는 명제를 ~p로 표시하면 ~(p∨q)=(~p)∧(~q), ~(p∧q)= (~p)∨(~q)가 성립된다. 이 두 식을 명제에 관한 '드 모르간의 법칙'이라고 한다.

수학적 귀납법

자연수 n에 관한 어떤 명제 P(n)에서 명제 P(n)이 임의의 자연수에 대하여 성립하는 것을 증명하려면, 다음 두 가지를 증명하면 됩니다.

(1) P(1)이 성립한다.
(2) 명제 P(k)가 성립한다고 가정한다면, P(k+1)도 성립한다.

이와 같은 (1), (2)의 2단계에 의해서 주어진 명제 P(n)이 모든 자연수에 대해 성립함을 보이는 증명법을 수학적 귀납법 또는 완전귀납법이라고 합니다.

예를 들어, n이 자연수일 때,
$1+2+3+\cdots+n = \dfrac{n(n+1)}{2}$ 이 성립함을 수학적 귀납법으로 증명하면

(1) n=1일 때, $\dfrac{1\times2}{2}$ 이므로 성립합니다.

(2) n=k일 때 성립한다고 가정하면,
$1+2+3+\cdots+k = \dfrac{k(k+1)}{2}$의 양변에 k+1을 더하면

$$1+2+3+\cdots+k+ (k+1) = \dfrac{k(k+1)}{2}+k+1$$

$$= \dfrac{k^2+3k+2}{2} = \dfrac{(k+1)(k+2)}{2}$$ 이므로

k+1일 때도 위의 등식이 성립합니다.
따라서 모든 자연수에 대하여 성립함을 증명한 것입니다.

고등학교 수학 I / 수열

이 단원에서는 수열의 합을 수학적 귀납법으로 증명하는 예제를 제시하여 수학적 귀납법의 원리를 이해하게 하고, 이를 다른 명제의 증명에 이용할 수 있도록 소개한다.

x^2년에는 x살

드 모르간은 성격이 매우 밝고 쾌활했습니다. 그의 재미있는 말솜씨와 재치 때문에 많은 사람들이 그를 따랐으며 가끔 멋진 모습으로 플룻을 연주하기도 했답니다. 특히 퀴즈와 수수께끼를 즐겼던 그는 가끔 나이나 태어난 해가 언제냐고 묻는 질문에 "나는 x^2년에는 x살이었다."라고 대답하여 사람들을 당황하게 만들기도 했답니다.

과연 그는 몇 년도에 몇 살이었을까요?

여기에는 간단한 2차 방정식이 숨어 있답니다.

그가 태어난 해는 1806년이고, x^2년에는 x살이므로 $x^2=1806+x$ 라는 식을 세울 수 있고, 이를 풀면 $x^2-x-1806=0$, $(x+42)(x-43)=0$으로 $x=43$이 나오는 거죠.

즉 1849년, 그가 43세가 되는 해가 바로 $43^2=1849$가 된답니다. 그래서 그가 한 말은 참인 말이 되는 것이지요. 정말 수학자다운 발상이죠?

중학교 3학년 수학 / 2차 방정식

아벨 (1802년 ~ 1829년)
수학을 공부하다 보면 아벨의 정리, 아벨 적분, 아벨 방정식 등 아벨의 이름이 붙은 용어들을 많이 접할 수 있어요. 비록 26살의 젊은 나이에 불행했던 그의 생애를 마감했지만 그의 업적은 수학사에 있어 중요한 부분을 차지한답니다. 특히 5차 방정식의 일반적인 해법이 없다는 것을 증명한 것은 대수학의 발전에 큰 도움을 주었어요.

빈곤함 속에서도 수학에 대한 열정을 불태운 아벨

아벨은 1802년 노르웨이의 조그만 마을에 있는 교회 목사의 아들로 태어났습니다. 당시 노르웨이는 영국, 스웨덴과의 전쟁으로 도시는 폐허 상태였고 가난과 굶주림으로 많은 사람들이 절망적인 상황에 빠져 있었습니다. 아벨 역시 가난한 가정에서 일곱 명이나 되는 형제들과 함께 허기진 배를 채우는 것이 쉽지 않았습니다. 그러나 그의 가족들은 서로에 대한 따뜻한 애정과 관심으로 평화롭고 행복한 어린 시절을 보낼 수 있었습니다.

어린 시절의 아벨은 또래 아이들과 비교할 때, 결코 뛰어난 학생은 아니었습니다. 그러다 고등학교에 입학해, 당시 수학계에서 인정받는 **홀롬보에** 선생님을 만나게 되었습니다. 이 만남이 그에게 행운을 선물했습니다.

그는 홀롬보에 선생님의 열성적인 지도를 받으면서 잠재해 있던 수학적인

191

홀롬보에

능력을 깨닫게 되었고 뛰어난 재능을 발휘하기 시작했습니다. 경제적인 형편이 어려워 학업을 계속하기가 어려운 아벨에게 홀롬보에 선생님은 많은 도움을 주었습니다. 선생님은 그에게 은인이자 좋은 친구였습니다.

그 후 그는 뉴턴, 라그랑주, 오일러 등 많은 수학자들이 연구한 이론들을 공부하면서 나름대로 그 이론들의 부족한 부분을 찾아내고 그것을 완벽하게 추론하겠다고 결심했습니다.

아벨이 18세가 되던 해, 아버지가 돌아가시고 가정은 더욱 어려워져 그는 가족의 생계마저 걱정해야 하는 처지가 되었습니다. 그러나 가족들이 굶주리는 것을 보면서도 수학 공부만은 포기할 수 없었습니다. 그런 그의 의지와 수학적 능력을 알고 있는 홀롬보에 선생님은, 적은 액수지만 정부의 보조금을 받으며 크리스티아니아대학(지금의 오슬로대학)에서 공부할 수 있도록 해주었습니다. 그리고 대학을 졸업한 후에도 아벨에 대한 선생님의 관심과 사랑은 끝날 줄 몰랐으며, 계속해서 공부할 수 있도록 도와주었습니다.

5차 방정식의 해가 없음을 증명하다

오슬로에 있는 아벨 동상

당시는 수학 역사상 2, 3차 방정식의 대수적인 해법이 발견되고 카르다노의 제자 페라리가 4차 방정식의 해법을 발견했을 때입니다. 많은 수학자들의 관심은 5차 방정식의 해법을 구하는 문제에 집중

되었습니다.

3세기가 지나는 동안 라그랑주를 비롯한 많은 수학자들이 5차 방정식의 해법을 찾기 위해 노력했으나 실패했습니다. 아벨도 다른 수학자들과 마찬가지로 5차 방정식의 해를 구하기 위해 노력을 했으나 번번이 실패하고 말았습니다.

그러나 결국 아벨은 19세가 되던 해에 "5차 이상의 방정식일 때에는 해를 구하는 공식이 존재하지 않는다.(1824년)"는 사실을 증명했습니다. 즉, 5차 이상의 방정식의 경우는 2차 방정식이나 3차 방정식처럼 주어진 계수만 이용해 답을 낼 수 있는 대수적인 연산 공식이 없다는 것을 증명한 것입니다. 이것으로 수세기 동안 이어진 수학자들의 고민이 해결되었습니다.

인정받지 못한 천재, 아벨

크렐레

1825년 아벨은 독일과 프랑스에서 유학하는 중에 **크렐레**와 만났습니다. 크렐레는 수학에 관심이 많은 엔지니어였습니다. 둘은 수학에 관련된 잡지를 발행할 계획을 세웠습니다. 크렐레는 아벨의 협력을 얻어 1826년에 수학 연구 전문지인 ≪**순수수학 및 응용수학 잡지**≫를 창간하고, 여기에 아벨의 모든 연구 논문을 실어 그 업적을 세상에 소개했습니다.

파리로 이주한 아벨은 또다시 좌절을 경험하게 됩니다. 그는 '아벨의 정리'를 포함한 타원 함수론을 써서 프랑스 학사원에 논문을 제출하지만 논문 심사를 했던 르장드르와 코시는 아벨의 논문을 제대로 이해하지 못하고, 하잘 것 없는 논문으로 취급해 서류더미 속에 던져 버렸습니다.

고국에 돌아온 아벨에게는 힘겨운 날들이 이어졌습니다. 그는 가난한 가족의 생계를 책임지고 연구 활동을 계속하기 위해 대학에서 교수로 일하고 싶었습니다. 그러나 일자리는 쉽게 찾아지지 않았습니다. 설상가상으로 과도한 연구로 지병이었던 폐결핵을 악화시켰습니다. 결국 그는 26세의 젊은 나이에 교수가 되겠다는 꿈을 이루지도 못한 채 폐결핵으로 세상을 떠났습니다. 그가 죽은 지 이틀이 지난 후에야 베를린대학에서 그를 교수로 초대하는 초청장이 도착했습니다.

순수수학 및 응용수학 잡지
세계 최초의 수학 연구 전문 정기 간행물로 1826년 창간되어 3개월에 한 번씩 새로운 수학 논문을 게재하여 발행되었다.
이 저널은 끄렐레라는 이름으로 불리고 있다.

아벨이 죽고 난 후 그의 업적이 세상에 조금씩 알려지게 되었습니다. 1841년 프랑스학사원에 제출했던 그의 논문은 방치된 서류더미 속에서 발견되어, ≪프랑

아벨의 기념비

스 과학 학사원 논집≫에 게재되었습니다. 프랑스 과학 학사원은 그에게 수학 부문의 대상을 주었답니다. 그러나 이 모든 일들은 불운한 천재 수학자가 죽고 난 후의 일이었습니다.

아벨은 살아 있을 동안에는 업적을 인정받지 못한 운이 없는 수학자였습니다. 그러나 오늘날 아벨의 이름은 '아벨의 적분', '아벨의 정리', '아벨 방정식' 등의 수학 용어로 널리 사용되고 있습니다.

아벨의 5차 방정식

2차 방정식 $ax^2+bx+c=0(a \neq 0)$의 해는 다음과 같은 공식으로 풀 수 있습니다. 즉, 어떤 2차 방정식이든 이 공식에 각 계수를 대입하면 해를 구할 수 있습니다.

$$x = \frac{-b \pm \sqrt{b^2-4ac}}{2a}$$

2차 방정식의 해를 구하는 일반적인 방법이 발견되자, 수학자들은 3차 이상의 방정식에서도 이와 같은 공식이 있을 것이라고 생각했습니다. 많은 수학자들의 노력으로 3차, 4차 방정식의 근을 구하는 공식까지 발견되었습니다. 자신감을 얻은 수학자들은 이어서 5차 방정식, 6차 방정식의 근을 찾기 시작했습니다. 그러나 5차 방정식에서는 그 도전이 번번이 실패로 끝났습니다. 아무도 근을 구하는 공식을 찾지 못했습니다.

차츰 '혹시 5차 방정식을 푸는 근의 공식은 없는 것이 아닐까' 하는 의혹이 일기 시작했습니다. 19세기에 이르러서 아벨은 "일반적인 5차 방정식을 푸는 근의 공식은 없다."라는 것을 증명했습니다. 모든 사람들이 공식을 찾는 데 매달려 있을 때, 그 공식이 없을 수도 있다고 생각을 바꾼 아벨은 자신의 업적을 세상에 알리지도 못하고 26년의 짧은 생을 마감해야 했습니다.

중학교 수학 3 / 2차 방정식

중학교 과정에서는 2차 방정식의 일반적인 해법을 설명하고 고등학교에서는 3차 방정식의 해를 구하는 과정을 배우지만 공식을 이용하지 않고 인수분해를 하거나 조립제법을 이용하여 풀도록 한다.

가난한 생활 속에서도
꿈을 잃지 않은 아벨

아버지가 돌아가신 후 어머니와 7남매를 책임져야 했던 아벨은 그래도 수학 공부만은 도저히 포기할 수 없었습니다. 고민 끝에 그는 굳은 결심을 하고 대학에 입학했습니다. 그러나 적은 액수의 장학금만으로 학비와 생활비를 해결하는 것은 쉬운 일이 아니었습니다. 끼니를 거르는 날도 많았고 난방이 안 된 방에서 꽁꽁 언 몸을 녹여가며 겨울을 보내야 하는 고통을 겪기도 했습니다.

그는 이처럼 궁핍한 처지에서 대학을 다녔지만 낙천적이고 밝은 성격 때문에 많은 친구들에게 사랑을 받았습니다. 친구들은 그를 무척 좋아했으며, 아벨 또한 친구들과 어

올려 이야기하는 것을 즐겼습니다.

아벨의 수학적 재능을 발견하고 그에게 많은 도움을 준 사람은 그에게 수학을 가르쳐준 홀름보에 선생님이었습니다. 홀름보에 선생님을 만나지 못했다면 아벨의 생애가 어떻게 달라졌을까요? 아마도 그의 놀라운 업적들은 세상에 빛을 보지도 못한 채 묻혀버렸을 겁니다.

아벨은 가끔 선생님에게 편지를 썼는데 어느 날에는 편지 끝에 보내는 날짜를 쓰는 대신 $\sqrt[3]{6064321219}$ 라고 적었다고 합니다.

이것을 풀면 $\sqrt[3]{6064321219}$ = 1823.5908275입니다.

이 때 정수 부분인 1823은 1823년을 가리키고, 나머지 소수점 이하의 수 0.5908275년을 일로 고치면 0.5908275×365=215.652가 되므로 1월 1일로부터 따져 216일째가 된다는 것입니다. 따라서 아벨이 편지를 보낸 날짜는 1823년 8월 4일이 되는 것입니다. 이렇듯 아벨은 1823년 8월 4일이라고 쓰는 대신에 위와 같은 3제곱근의 식을 써서 보내는 재치 있는 행동을 보이기도 했답니다.

칸토어 (1845년 ~ 1918년)
칸토어는 집합론을 창시한 수학자예요. 중·고등학교 수학 교과서 제일 첫 단원
에 나오는 집합과 관련된 수학자지요. 특히 그는 무한의 개념에 대해 연구했는데
칸토어가 살던 시대에 무한을 거론한다는 것은 엄청난 일이었어요. 그래서 그는
많은 학자들에게 배척을 당하기도 했지만 그의 업적은 현대 수학의 기초를 제
공했을 뿐만 아니라 수학이 놀랄 만큼 발전하는 계기가 되었답니다.

아버지도 말릴 수 없었던 수학에 대한 열정

1845년에 태어난 칸토어는 러시아 출신 수학자입니다. 그의 아버지는 덴마
크 출신이지만 젊은 시절부터 러시아에 살면서 경제적으로 성공한 상인으로 자리
를 잡았습니다. 예술가 가정에서 자란 그의 어머니는 음악을 좋아했습니다. 부모
님 모두 순수한 유태인으로 신앙심이 깊었습니다.

대부분의 사람들에게 그러하듯이, 주어진 가정 환경은 칸토어에게 많은 영
향을 끼쳤습니다. 그 역시 신앙심이 깊은 사람으로 예술에 재능을 보였으며 순수
하면서도 소심한 성격으로 자기주장을 강하게 드러내는 일이 많지 않았습니다.

그가 열두 살이 되던 해에는 독일 프랑크푸르트로 이주했기 때문에, 그는
덴마크, 러시아, 독일의 세 나라의 국적을 갖게 되었습니다.

칸토어는 다른 과목보다 수학을 특히 좋아했습니다. 수학을 공부하는 동안

바이어슈트라스(1815~1897)

기쁨과 열정을 느꼈습니다. 그것은 수학자가 되어야 겠다는 결심을 하게 만드는 데 결정적인 역할을 했습니다.

그러나 칸토어가 존경하고 사랑했던 아버지는 미래가 불투명한 수학자의 길보다는 공학자가 되어 사회에서 성공한 사람이 되어주길 바랐습니다. 결국 아버지의 말을 거역할 수가 없었던 그는, 1862년 취리히 공과대학에 입학했습니다.

공과대학에 들어가기는 했지만, 칸토어는 잘 적응하지 못하고 방황했습니다. 이러한 아들을 보며, 아버지는 자신이 아들의 재능을 무시하고 원하지 않은 길을 가게 만든 것을 후회하며 칸토어가 수학을 계속하도록 허락해 주었습니다. 아버지의 허락으로 칸토어는 베를린대학으로 학교를 옮겨 당시 유명한 독일 수학자인 **바이어슈트라스**와 **크로네커**에게 가르침을 받으며 수학, 철학, 물리학 등을 공부했습니다.

집합론에서 무한을 얘기하다

대학에서 그의 연구는 주로 당시 주된 관심사였던 정수론에 관한 것이었습니다. 특히 '무한급수 _{항의 수가 무수히 많은 급수}가 어떤 특정한 값에 가까워지면 어떻게 될까?' 라는 문제 즉, 수렴에 관한 문제와 만나게 되면서 그는 무한 개념에 관심을 기울이게 되었습니다.

크로네커(1823~1891)

칸토어는 29세에 일생에서 가장 중요한 업적인 집합론을 발표합니다. 수학을 새로운 학문으로 발전시킨 밑거름이 된 이 논문은 많은 수학자들에게 충격을 주었습니다. 특히 집합론에서 무한의 개념을 명확하게 다룬 것이 논란이 되었습니다. 이전의 무한(∞)은 인간이 셀 수 없는 한계이며 단지 유한에 반대되는 개념을 나타내는 것으로만 생각했습니다. 따라서 많은 수학자들에게 무한을 규명하거나 분석한다는 것을 수학에서 금기시되었습니다.

그런데 그는 무한을 분류했을 뿐 아니라, 분류한 것끼리 셈을 하기도 하고 그 크기를 비교하기도 했습니다. 게다가 칸토어가 사용한 증명 방법도 그때까지 수학자들이 사용하던 방법이 아닌 새로운 것이어서 대다수의 수학자들에게 비난을 받았습니다. 스승인 크로네커도 인정하지 않았습니다. 그동안 비교적 그에게 호의적이었던 크로네커는 '칸토어의 논문은 수학이 아니다' 라고 맹렬히 비난하며 그가 원했던 자리인 베를린대학 교수도 될 수 없게 만들었습니다.

칸토어는 '두 집합의 원소 사이에 일대일대응 _{A에서 B로의 대응에서 A의 각 원소가 B의 각각 다른 원소와 하나씩 대응하는 것}이 가능할 때, 두 집합은 같은 농도를 갖는다' 고 정의합니다. 여기서 '농도' 란 유한 집합에서 사용했던 '개수' 와 같은 의미로 생각하면 됩니다. 일반적

201

으로 유한집합과 같은 방법으로 원소의 개수를 센다면, 자연수 전체의 집합과 유리수 전체 집합의 원소의 개수가 같다고 생각하는 사람은 없을 겁니다. 그러나 칸토어는 유리수 전체의 집합은 자연수 전체의 집합과 일대일대응이 되며 실수의 집합은 일대일대응이 되지 않는다는 것을 증명하였습니다. 즉, 자연수의 집합과 유리수의 집합은 같은 농도를 가지고 실수의 집합과는 같은 농도를 가지지 않는다는 것입니다. 유리수와 실수의 집합은 모두 무한집합이지만 그 농도가 다르다는 것입니다. 그는 무한은 모두 같다고 생각한 이전의 개념을 깨고 무한의 크기가 다르다고 생각하였습니다. 이러한 생각을 바탕으로 하고 있는 집합론을 통해, 이전까지 애매모호하게 취급되었던 '무한' 이라는 개념이 구체적이고 정확하게 표현되었습니다.

버팀목이 되어준 친구, 데데킨트

데데킨트(1831~1916)

집합론을 발표하고 난 후 그의 생활은 말로 표현하기 힘들만큼 어려웠습니다. 많은 사람들의 쏟아지는 비난을 예민하고 소심한 성격의 칸토어로서는 쉽게 받

아들일 수 없었습니다. 자신의 생각에 의심이
들 때도 있었습니다. 몸은 점점 약해져 발작적
인 우울상태가 지속되었고 결국 40세 전후가
되면서 정신병원을 들락거리게 되었습니다.

그러나 칸토어에게는 모두가 그를 비
난하는 가운데에서도 항상 그를 위로하고 격
려해주는 독일 수학자 **데데킨트**가 있었습니다. 두 사람 모두 수학에 있어서 그들이
생각하는 것이 전통적인 개념을 벗어나 창의적이고 혁신적이어서 다른 수학자들
에게 배척을 당했다는 공통점이 있었습니다. 칸토어에게 있어서 데데킨트는 은인
과도 같은 친구였습니다. 신혼여행 중에도 데데킨트를 만나 수학에 대해 서로의
의견을 교환할 정도로 그들은 신뢰하는 사이였습니다. 자신의 이론을 배척하는 수
학계에서 버텨내며 그나마 집합론을 완성해 나갈 수 있었던 것은 일생의 동료였던
데데킨트 덕분이라고 할 수 있습니다.

말년에 이르러서야 그의 업적이 제대로 인정을 받았습니다. 그러나 때가 많
이 늦어, 그의 병은 이미 깊을 대로 깊어 회복이 불가능했고, 시골의 정신병원에서
생애를 마쳤습니다. 그러나 그의 업적은 이후 20세기에 모든 수학의 기초를 세우
는 데 주춧돌 역할을 했습니다.

집합

칸토어는 수의 집합을 유한과 무한으로 구분했고, 무한집합의 크기를 재는 데 있어 그 집합이 자연수의 집합과 일대일대응 관계에 있으면 '가산', 자연수와 일대일대응 관계에 있지 못한 경우는 '불가산'으로 구분하였습니다.

교과서에는 무한 집합의 개수를 구분하는 법까지는 직접 소개되지 않지만, 칸토어는 우리가 다루는 집합 이론의 기초를 세웠습니다.

〈집합의 정의와 포함관계〉

집합과 원소

· 집합 : 판단기준이 명확하여 확정 · 구별할 수 있는 것의 모임.

· 원소 : 집합 { } 기호 속에 있는 낱낱의 것을 원, 원소, 요소라 한다.

(1) $x \in A$의 의미

    ⇨ x는 A에 속한다.

    ⇨ x는 A의 원소이다.

(2) $x \notin A$의 의미

    ⇨ x는 A에 속하지 않는다.

    ⇨ x는 A의 원소가 아니다.

유한집합과 무한집합

· 유한집합 : 원소의 개수가 유한 개인 집합.

    ⇨ $\{a_1, a_2, a_3, \cdots, a_n\}$

· 무한집합 : 원소의 개수가 무한 개인 집합.

$\Rightarrow \{a_1, a_2, a_3, \cdots, a_n, \cdots\}$

· 공집합 : 원소의 개수가 0개인 집합.

$\Rightarrow \{\ \}, \phi$

고등학교 수학 / 집합

이 단원에서는 집합론의 창시자로 칸토어를 소개하고, 그의 무한집합의 크기 구별에 대해 소개한다. 오늘날 집합은 수학을 연구하는 데 있어 기본이 되고 있으나, 사실상 그가 다룬 집합은 무한집합에 관한 논의로 교과서에 직접 나타나지 않는다.

무한집합의 크기를 정하다

신입생이란 말을 들으면 뭔가 새로운 느낌이 듭니다. 아마도 시작을 뜻하기 때문일 겁니다. 이전에 어떠했든 앞으로 달라져야지 하는 마음가짐을 갖는 때입니다. 이 느낌은 새 교과서를 받을 때도 마찬가지입니다. 평소 공부하기를 싫어하던 학생들도 '이제부터 열심히 해야지.' 라는 마음으로 책을 한번 죽 훑어보게 되는데, 중학교와 고등학교 수학 책의 첫 단원에 등장하는 내용이 바로 '집합' 입니다. 집합이 왜 수학 교과서의 첫 단원에 나오는 것일까요? 집합이 그만큼 중요하다는 뜻일까요, 아니면 집합이 그 중 쉬운 내용이라는 뜻일까요?

집합이 현대 수학에서 확고한 위치를 차지하게 된 것은 그리 오래 된 일은 아닙니다. 집합론은 칸토어가 만들어 체계화했습니다. 그렇다면 칸토어는 도대체 무엇을 하려고 그 당시에는 생소하기만 한 개념인 집합론을 연구한 걸까요? 칸토어가 집합에 관한 여러 가지를 연구한 목적은 바로 '무한' 의 성질을 규명하기 위해서였습니다.

이렇게 말하면 지금까지 학교에서 배운 집합이 무한과 무슨 관계가 있느냐고 의아해 할 것입니다. 칸토어가 집합론을 세운 것은 주로 무한집합을 다루기 위해서인데, 학교에서는 주로 유한집합을 다루었기 때문입니다. 집합이라 하면 집합의 연산 같은 것이 전부라고 생각했을지 모르나, 집합은 무한을 보다 조직적으로 다루기 위해 창조된 획기적인 아이디어였습니다.

　　우선 칸토어는 1872년 논문에서 '집합이란 확정되어 있고 또 서로 명확히 구별되는 것들의 모임'이고, '두 집합 사이에 1 대 1의 대응 관계가 성립할 때 두 집합의 원소 개수는 같다.'고 정의했습니다. 칸토어는 집합의 원소의 개수가 같다는 것을 각각의 원소를 하나씩 짝지을 수 있다는 '대응'의 개념으로 것으로 해석했습니다.

　　그는 이 같은 개념을 써서 여러 무한집합 사이의 대응 관계를 조사했는데,

　　(1) 자연수 전체와 유리수 전체는 1 대 1로 빠짐없이 대응시킬 수 있다.
　　(2) 자연수 전체와 실수 전체는 1 대 1로 빠짐없이 대응시킬 수 없다.

는 것을 밝혀냈습니다. 이로써 그는 자연수와 유리수의 개수가 같고, 자연수와 실수는 그 개수가 같지 않음을 밝혀냈습니다. 이는 '전체는 부분보다 크다.'라는 그리스 이래 전해져 온 통념과 '무한은 모두 같은 것으로 간주한다.'라는 그 때까지의 상식을 동시에 깬 일대 사건이었습니다.

그밖의 수학자들(근대)

라플라스(1749~1827)

근대 확률론의 창시자로 일컬어지는 라플라스는 프랑스의 수학자이자 천문학자예요. 그는 1812년 그때까지의 확률론을 정리하고, 확률 연구에 미적분을 도입하여 연구한 내용을 실은 《확률의 해석적 이론》이라는 책을 저술하는 등 고전 확률론을 완성단계까지 끌어올리는 데 많은 역할을 하였지요. 또한 프랑스의 뉴턴이라는 명성에 걸맞게 달, 행성, 혜성 등의 운행과 태양계 생성에 대한 '천체 역학'을 저술하는 등 활발한 활동을 했답니다.

뫼비우스(1790~1868)

뫼비우스는 독일의 수학자예요. 그는 해석 기하학과 위상 수학에 관심을 가지고 연구하였으며 특히 위상기하학적 성질을 가지는 안과 밖의 구별이 없이 한쪽 면만을 가진 2차원 곡면인 뫼비우스 띠를 고안해 낸 것으로 유명하지요. 직사각형 모양의 띠 양끝을 그대로 붙이면 보통의 띠가 되지만, 직사각형 모양의 띠의 끝을 한 번 꼬아서 붙이면 색다른 모양의 띠가 만들어지지요. 뫼비우스의 띠는 이와 같이 긴 테이프를 한 번 꼬아서 양끝을 붙여서 만든 곡면을 말합니다.

로바체프스키(1792-1856)

로바체프스키는 러시아의 수학자예요. 그는 유클리드 기하학과는 전혀 다른 새로운 기하학의 성립 가능성을 카잔 수학·물리학 협회에서 발표하면서 헝가리의 볼리아이와는 별도로 '비유클리드 기하학'을 창시하게 되었어요. 그러나 처음에는 많은 수학자들에게 무시당했고 원고의 초고마저 분실하는 불행을 겪기도 했어요. 그는 함수의 미분 가능성과 연속성의 구별을 처음으로 지적하고 '로바체프스키 방정식'으로 불리는 대수방정식의 수치해법을 행하는 등 폭넓은 연구를 하였답니다.

야코비(1804-1851)

야코비는 유태인 출신으로 독일의 수학자예요. 그는 뛰어난 수학자이기도 했지만 유능한 인재를 발굴하고 그들에게 많은 영향을 끼친 위대한 수학교사였답니다. 그의 주목할 만한 업적은 타원함수에 관련된 것이었는데 아벨과는 독립적으로 연구하여 이 함수의 이론을 확립하였고 코시 다음으로 행렬식에 관한 많은 이론을 정립한 수학자이에요. 행렬식이라는 말을 궁극적으로 처음 받아들인 사람도 바로 야코비랍니다.

디리클레(1805-1859)

디리클레는 독일의 수학자예요. 그는 가우스의 정수론을 계승하여 정수론, 급수론, 대수학 등 수학의 많은 분야에 업적을 남겼지요. 당시 오랫동안 사람들의 흥미를 유발시켰던 소수에 관한 문제는 정수론에서 가장 중요한 분야였는데 그는 첫 번째 항이 a 이고 공차가 d 인 등차수열에서 a 와 d 가

서로소이면 이 수열 사이사이에 무수히 많은 소수가 존재한다는 것을 증명하기도 했답니다. 또한 '디리클레 급수', '디리클레 적분' 등 그의 이름을 붙인 수학 용어들이 무수히 많은데 무엇보다 중요한 디리클레의 업적은 함수를 집합 사이의 대응관계로 파악한 것이랍니다. 1837년 그는 '두 변수 x, y에 있어서 x값에 따라 y값이 정해질 때, y는 x의 함수다.' 라고 정의했지요.

갈루아(1811-1832)

갈루아는 프랑스의 수학자예요. 그는 20살밖에 살지 못한 불운의 천재수학자랍니다. 그러나 그는 열여덟의 나이에 '군이론(집합 또는 원소들에 대한 이론, 즉 군을 대상으로 하는 수학적 이론)'을 만들었으며 다양한 기하학의 근본 원리들을 발견했답니다.
그가 만들어낸 군이론은 기하학과 대수학을 통일시키는 역할을 했으며 핵물리학이나 유전공학의 토대가 되었답니다.

리만(1826-1866)

리만은 독일의 수학자예요. 그는 1851년 박사학위 논문에서 처음으로 '리만기하학'에 대해 소개했어요. 리만기하학이란 구면기하학으로 표현하기도 하는데 그의 기하학 이론에 의하면 구면상에서 큰 원을 직선으로 생각하면 구면상의 두 직선은 원이므로 반드시 만난다는 것이지요. 따라서 이것은 유클리드 기하학에서 다룬 "한 직선에 수직인 모든 직선들은 서로 평행이다." 라는 것과 상반되는 내용이랍니다. 그의 이론들은 현대물리학과 상대성이론에 많은 영향을 주었답니다.

벤(1834-1923)

벤은 벤다이어그램으로 더 잘 알려져 있는 영국의 수학자예요. 벤다이어그램은 1880년 논문 '명제와 논리의 도식적, 역학적 표현에 관하여'에서 처음으로 소개되었지요. 벤다이어그램은 집합 사이의 관계를 도식화하는 도구로 개발된 것인데, 직관적인 그림을 이용하여 집합 사이의 관계를 알기 쉽게 나타내 줌으로써 지금도 유용하게 사용되고 있답니다.

슈바르츠(1834–1921)

슈바르츠는 독일의 수학자예요. 그의 가장 유명한 업적은 '슈바르츠 부등식'의 발견이지요. 슈바르츠 부등식이란 '두 실수 각각의 제곱 합의 쌍의 곱은 각각의 곱의 합의 제곱보다 항상 크거나 같다.' 즉,

$$(a^2+b^2)(x^2+y^2) \geq (ax+by)^2 \text{ (단 등호는 } \frac{x}{a} = \frac{y}{b} \text{ 일 때 성립)}$$

라는 것으로 고등학교 교과서에 실려 있답니다. 이것은 바이어슈트라스의 일흔 살 생일파티에서 주어진 문제를 푸는 과정에서 나왔다고 합니다. 이 문제는 많은 수학자들이 풀려고 도전하였으나 해결하지 못하다가 슈바르츠가 자신만의 독특한 방법으로 그 문제를 풀어냈다고 하는데 슈바르츠 부등식은 그가 제시한 증명방법에 포함된 것으로 그 아이디어는 아주 획기적이었다고 합니다.

힐베르트(1862–1943)

힐베르트는 독일의 수학자예요. 그는 정수론 등 수학의 여러 분야를 연구했는데 특히 기하학 분야에 있어 유클리드 이후 가장 많은 영향을 끼친 수학자로 평가되고 있어요. 그는 공리주의의 선두 주자로서 20세기 수학사에 있어서 아주 중요한 위치를 차지하고 있습니다. 공리주의란 20세기 초 힐베르트를 중심으로 전개됐던 수학 기초 이론으로, 모든 수학 이론은 몇몇 공리에서 출발하여 엄밀한 추론에 의하여 논리적으로 세워져야 한다는 이론입니다. 비유클리드 기하학의 공리적 기초를 확립한 힐베르트는 수학과 물리학을 비롯해 과학의 전 분야에 공리적 기초를 마련하려고 애쓴 수학자랍니다.

수학자 연표 mathematician

교과서를 만든 수학자들

BC 600년 경   **탈레스** (그리스)
그리스 기하학의 시조

BC 570년 경   **피타고라스** (그리스)
피타고라스의 정리

BC 490~ 429?   **제논** (그리스)
제논의 역설 주장

BC 300년 경   **유클리드** (그리스)
유클리드 원론의 저자

BC 287~ 212   **아르키메데스** (그리스)
구분구적법을 이용한 넓이와 부피를 처음으로 계산하기 시작함

BC 276~ 194   **에라토스테네스** (그리스)
에라토스테네스의 체 발견

BC 262~ 190   **아폴로니우스** (그리스)
원추곡선의 성질 연구

BC ?~ ?   **헤론** (그리스)
헤론의 공식 발견

200년 경   **디오판토스** (그리스)
문자를 사용하여 방정식의 해를 구하기 시작함

300년 경   **파포스** (그리스)
그리스 기하학을 집대성함

429~ 500   **조충지** (중국)
원주율의 근사값으로 $\frac{22}{7}$ 와 $\frac{355}{113}$ 를 사용

780~ 850   **알콰리즈미** (아라비아)
1,2차 방정식의 풀이법 발견

1114~1185   **바스카라** (인도)
2차방정식의 두 근을 인정

1170?~1250?   **피보나치** (이탈리아)
피보나치 수열 도입

1436~1476   **레기오몬타누스** (독일)
구면 삼각법

1499~1557   **타르탈리아** (이탈리아)
3차방정식의 해법 발견

1501~1576   **카르다노** (이탈리아)
위대한 술법 지음, 허수 발견

1522~1565   **페라리** (이탈리아)
4차방정식 해법을 최초로 발견

1540~1603   **비에트** (프랑스)
기호대수학의 체계화에 노력

1550~1617   **네이피어** (영국)
로그를 발견하고 최초로 로그표 발간

1552~1632   **뷔르기** (스위스)
현재 사용하는 소수 표시법 사용

1560~1621   **해리엇** (영국)
방정식을 최초로 인수로 분해

1561~1630   **브리그스** (영국)
상용로그표 작성

1591~1661   **데자르그** (프랑스)
사영 기하학의 창시

1596~ 1650 **데카르트** (프랑스)
해석 기하학의 창시

1601~ 1665 **페르마** (프랑스)
확률의 수학적 이론의 창시자

1623~ 1662 **파스칼** (프랑스)
파스칼 삼각형(수삼각형)

1629~ 1695 **호이겐스** (네덜란드)
수학적 기대값의 개념 도입

1630~ 1677 **배로** (영국)
접선을 통한 미분 연구

1642~ 1727 **뉴턴** (영국)
미적분학 발견

1646~ 1715 **최석정** (대한민국)
마방진 연구

1646~ 1716 **라이프니츠** (독일)
미적분법의 창시자. 미분기호, 적분기호 창안

1667~ 1748 **베르누이** (스위스)
베르누이 분포, 베르누이 정리

1667~ 1754 **드무아브르** (프랑스)
드무아브르의 정리 발견

1685~ 1731   **테일러** (영국)
테일러 급수 발견

1704~ 1752   **크라머** (스위스)
행렬식 발견

1707~ 1783   **오일러** (스위스)
삼각함수의 기호 도입, 오일러의 정리

1717~ 1783   **달랑베르** (프랑스)
편미분 방정식의 개최

1728~ 1777   **람베르트** (독일)
원주율 π가 무리수임을 증명

1736~ 1813   **라그랑주** (프랑스)
극한의 개념 및 미적분 연구

1749~ 1827   **라플라스** (프랑스)
'정적분' 용어 사용

1752~ 1833   **르장드르** (프랑스)
타원함수, 수론, 최소제곱법 연구

1777~ 1855   **가우스** (독일)
대수학 기본정리의 일반적인 증명

1781~ 1840   **푸아송** (프랑스)
근세 확률론의 기초를 확립

1789~ 1857   **코시** (프랑스)
현대 해석학의 기초 확립

1790~ 1868 **뫼비우스** (독일)
뫼비우스 띠의 성질 연구

1792~ 1856 **로바체프스키** (러시아)
비(非) 유클리드 기하학 창시자

1802~ 1829 **아벨** (노르웨이)
5차 이상의 대수방정식은 대수적 해법이 없음을 증명

1802~ 1860 **볼리아이** (헝가리)
비(非) 유클리드 기하학 창시자

1804~ 1851 **야코비** (독일)
행렬식 용어 사용, 야코비 행렬식 연구

1805~ 1859 **디리클레** (독일)
해석적 정수론을 창시

1805~ 1865 **해밀턴** (영국)
벡터 해석학의 기초 확립

1806~ 1871 **드 모르간** (영국)
드 모르간의 법칙

1811~ 1832 **갈루아** (프랑스)
'군(group)' 이라는 말을 최초로 사용

1815~ 1864 **불** (영국)
불 대수(Boolen algebra)를 창시

1815~ 1897	**바이어슈트라스** (독일) 해석 함수론의 기초를 확립함
1821~ 1895	**케일리** (영국) 행렬의 개념 도입
1823~ 1891	**크로네커** (독일) 방정식론, 정수론 등 연구
1826~ 1866	**리만** (독일) 리만 기하학(타원기하) 창시
1831~ 1916	**데데킨트** (독일) 이데알론의 창시로 추상대수의 선구자
1834~ 1923	**벤** (영국) 벤 다이어그램을 창안
1834~ 1921	**슈바르츠** (독일) 슈바르츠의 부등식 발견
1845~ 1918	**칸토어** (독일) 집합론의 창시자
1848~ 1925	**프레게** (독일) 집합 개념과 논리 관계 규명
1854~ 1912	**포앙카레** (프랑스) 수론, 대수기하학, 위상기하학 연구
1862 ~ 1943	**힐베르트** (독일) 기하학의 공리적 기초 확립
1872~ 1970	**러셀** (영국) 수리 철학 및 논리 기호학에 공헌

참고문헌

1. 수학을 만든 사람들 (상, 하) / E.T. 벨 지음 / 안재구 옮김 / 미래사
2. 위대한 수학자들 / 야노겐타로 지음 / 손영수 옮김 / 전파과학사
3. 수학사 / Howard Eves 지음 / 이유영,신항균 옮김 / 경문사
5. 수학자를 알면 공식이 보인다 / 과학동아편집실 엮음 / 성우
6. 수학사 가볍게 읽기 / 샌더슨 스미스 지음 / 황선욱 옮김 / 한승
7. 수학적 경험(상, 하) / Davis Hersh 지음 / 양영오,허민 옮김 / 경문사
8. 수학의 천재들 / William Dunham 치음 / 조정수 옮김 / 경문사

수학자를 공부하기 위해 도움이 되는 사이트

1. http://haesoo.pe.kr/garo/mathp/mathp.htm
2. http://user.chollian.net/~leeks80/
3. http://210.218.66.12/~ncan/
4. http://www.kyungmoon.com
5. http://mathlove.org
6. http://ahamath.net